SCHRIFTENREIHE FÜR GEOLOGISCHE WISSENSCHAFTEN

HEFT 8

HERAUSGEGEBEN VOM VORSTAND DER GESELLSCHAFT
FÜR GEOLOGISCHE WISSENSCHAFTEN DER DDR (GGW)

MIT DER HERAUSGABE BEAUFTRAGT PROF. DR. SC. NAT. R. LAUTERBACH
(KARL-MARX-UNIVERSITÄT, LEIPZIG)

AUTORENKOLLEKTIV

Beiträge zur Geochemie

Mit 31 Abbildungen und 27 Tabellen

AKADEMIE - VERLAG · BERLIN

Schriftenr. geol. Wiss. · Berlin 8 (1977) · S. 1—106

Herausgeber ist der Vorstand der Gesellschaft für Geologische Wissenschaften der DDR (GGW)

Vorsitzender der GGW: Prof. Dr. sc. nat. R. Daber, Museum für Naturkunde an der Humboldt-Universität zu Berlin, Paläontologisches Museum, DDR - 104 Berlin, Invalidenstraße 43, Fernsprecher 2897576

Mit der Herausgabe der Schriftenreihe beauftragt
Prof. Dr. sc. nat. Robert Lauterbach, DDR - 701 Leipzig, Talstraße 35
Fernsprecher 7165364

Verantwortlicher Fachredakteur: Dipl.-Geoln. Erika Bielefeldt
Fachredakteur: Dipl.-Geoln. Irmgard Fuhrmann

Anschrift der Redaktion: DDR - 1055 Berlin, Dimitroffstraße 171,
Fernsprecher 4365441

Manuskripte und Korrespondenz erbeten an die Anschrift der Redaktion

Für den Inhalt der Beiträge sind die Autoren verantwortlich

Das Sekretariat der Gesellschaft für Geologische Wissenschaften hat seinen Sitz in DDR - 104 Berlin, Invalidenstraße 43, Fernsprecher 2826490/2826460

Wissenschaftlicher Sekretär der GGW: Dipl.-Min. J. Lamprecht

Redaktionsschluß: 3. Mai 1976

Erschienen im Akademie-Verlag, DDR - 108 Berlin, Leipziger Straße 3–4

Lizenznummer: 202 · 100/469/77
P 215/76
Gesamtherstellung: VEB Druckhaus „Maxim Gorki", DDR - 74 Altenburg
Bestellnummer: 7624638 (2170/8) · LSV 1455
Printed in GDR
DDR 21,– M

INHALT

Buchbesprechungen

СОДЕРЖАНИЕ

CONTENTS

SOMMAIRE

Schriftenr. geol. Wiss. · Berlin 8 (1977) · S. 5–78

Entstehung, Eigenschaften und Verteilung der Edelgase und ihrer Isotope

Ein Beitrag zur Geochemie der Edelgase

Von KARIN MAYER, Senftenberg

Mit 19 Abbildungen, 22 Tabellen und 3 Anlagen

1. EINLEITUNG UND PROBLEMSTELLUNG

Lange Zeit wurde der Geochemie der Gase und speziell der Edelgase wenig Interesse entgegengebracht, während geochemische Untersuchungen an anderen Elementen einen breiteren Raum einnahmen. Seit der Jahrhundertwende beschäftigten sich vereinzelt Autoren mit der klassischen Geochemie der Edelgase, die Isotopengeochemie hingegen gewann erst in den letzten zwei Jahrzehnten an Bedeutung. Die geringere Beachtung dieses Gebiets ist vor allem auf die experimentellen Schwierigkeiten bei der Untersuchung kleiner Gasmengen und bei den Isotopenanalysen auf die sehr großen Konzentrationsunterschiede zurückzuführen. Beispielsweise wurden Ende der vierziger Jahre erstmals Isotopenanalysen an irdischen Objekten durchgeführt. In den nachfolgenden 20 Jahren sind keine neuen experimentellen Ergebnisse bekannt geworden. Gegenwärtig ist ein sprunghafter Anstieg der Untersuchungen zu verzeichnen, da die Element- und Isotopenverhältnisse genetische Aussagemöglichkeiten eröffnen.

Die geochemische Oberflächenprospektion konzentriert sich auf den Nachweis verdeckter bzw. überdeckter, relativ flach liegender Buntmetallagerstätten. Die Tiefenreichweite liegt, bei Verwendung der lagerstättenbildenden Elemente, bei einigen Dekametern, in Ausnahmefällen bei einigen hundert Metern. Verbesserungen können erreicht werden, wenn leichtflüchtige Indikatorelemente (als Parageneseelemente oder Zerfallsprodukte der lagerstättenbildenden Substanz) benutzt werden und es gelingt, tiefreichende Migrationsbahnen in Form tektonischer Störungen sowie deren Oberflächennachweis bei der Lagerstättensuche einzusetzen. Es bieten sich leichtflüchtige, migrationsfreudige und chemisch inerte Komponenten an, zu denen die Edelgase zählen.

Gegenwärtig wird der He-Oberflächenprospektion bei der Suche von Kohlenwasserstofflagerstätten sowie von Lagerstätten radioaktiver Elemente besondere Bedeutung beigemessen.

2. ZUM GASHAUSHALT DER ERDE

Die Edelgase sind immer an der Zusammensetzung der unter verschiedenen Bedingungen vorkommenden Gase beteiligt, und zwar stets als Beimengungen (außer im Kosmos) von Kohlenwasserstoff- (KW-), N_2- und CO_2-Gasen. Deshalb sollten die Edelgase in engem Zusammenhang mit letzteren betrachtet werden. Eine Übersicht über die Stellung der Edelgase zu den anderen natürlichen Gasen gibt Tab. 1.

Die Edelgase unterscheiden sich in ihren Konzentrationen innerhalb der einzelnen Sphären beträchtlich. Auf die Ursachen für die unterschiedliche Verteilung wird im Abschn. 3. kurz eingegangen.

3. FAKTOREN, DIE DIE VERTEILUNG DER EDELGASE BEDINGEN

Die Verteilungsbesonderheiten sind auf die Bildungs- und Migrationsbedingungen zurückzuführen.

Es bestehen Abhängigkeiten von:

- dem primordialen Anteil,
- den lokalen Clarkes der „Edelgasbildner" (Radioaktivität) und dem Zeitfaktor,
- den physiko-chemischen Kenndaten der Edelgase,
- den strukturellen Bedingungen im Kristallgitter der edelgasbildenden Minerale und
- den geologisch-tektonischen Faktoren.

3.1. Kernphysikalische Bildungsprozesse der Helium-, Argon- und Neonisotope

Der Kenntnisstand über die natürlichen Bildungsprozesse ist für die einzelnen Edelgasisotope sehr unterschiedlich. Die Isotope und ihre relative natürliche Häufigkeit sind in Tab. 2 aufgeführt.

Tab. 1. Gashaushalt der Erde [nach Daten von SOKOLOV (1966) mit Berichtigung von VINOGRADOV (1967) und VASSOEVIČ aus SOKOLOV (1971)]

Vorkommen der Gase	Chemismus		Gasmengen/n · 10^{12} t									
	Haupt-komponenten	wichtige Beimengungen	gesamte Gas-menge	CO_2	CH_4 + SKW	N_2	O_2	H_2	H_2S + SO_2	HCl + HF	He	Ar
Atmosphäre	N_2, O_2	Ar, CO_2, Ne, He, Kr, Xe, H_2, O_3	5270	2,4	—	4000	1200	—	—	—	0,0036	0,70
Lithosphäre												
metamorphe Gesteine	CO_2, N_2, H_2	CH_4, H_2S, He, Ar										
magmatische Gesteine	CO_2, H_2	N_2, H_2S, He, Ar in großen Teufen SO_2, HCl, HF	7800	6300	15	500	—	115	200	600		
Sediment-ablagerungen			214	93	43	77	—	0,2	0,8	—		
Erdöllagerstätten	CH_4, SKW, N_2, CO_2	H_2S, He, Ar, H_2										
Erdgaslagerstätten	CH_4, N_2, CO_2	SKW, H_2S, He, Ar, H_2										
Kohlelagerstätten	CH_4	CO_2, N_2, H_2, SKW, He, Ar										
salzführende Ablagerungen											28	600
disperse Gase	CO_2, CH_4	N_2, SKW, H_2, H_2S										
Erd-ober-fläche: Böden	CO_2, N_2, O_2	Ar, CH_4, N_2O, H_2 Edelgase aus Luft										
Erd-ober-fläche: Sümpfe und Torf	CH_4, CO_2, N_2	Ar, H_2, CO, NH_3, N_2, H_2S Edelgase aus Luft										
marine sub-aquatische Sedimente	CO_2, CH_4, N_2	H_2, NH_3, H_2S, Ar										
Hydrosphäre			115	80	—	24	10	—	—	—		
Ozeane und Meere	CO_2, N_2	NH_3, H_2S, O_2, Ar										
Oberer Mantel	CO_2, N_2, H_2S, SO_2	HCl, HF, H_2, He, Ar	435000	210000	—	130000	—	8600	210000	8300		

The He value 28 and the Ar value 600 are each printed once beside a brace that covers all the rows from Lithosphäre to Oberer Mantel.

Tab. 1. (Fortsetzung)

Vorkommen der Gase	Chemismus		Gasmengen/n · 10^{12} t									
	Haupt-komponenten	wichtige Beimengungen	gesamte Gas-menge	CO_2	CH_4 + SKW	N_2	O_2	H_2	H_2S + SO_2	HCl + HF	He	Ar
vulkanische Gase												
hochtemperierte Gase (aus Lavaaschen)	CO_2, H_2, SO_2, HCl, HF	CO, N_2, NH_3, He, Ar										
Fumarolen (100—300 °C)	CO_2, H_2, H_2S, SO_2	CO, HCl, HF, N_2 NH_3, He, Ar										
Thermalquellen	CO_2	N_2, CO, NH_3, He, Ar										
Kosmos	H_2, H, He	CO, Radikale CH, CH_2, OH und andere ionisierte Atome der Elemente Ne, N, Ar										

Tab. 2. He-, Ne- und Ar-Isotope und deren natürliche Häufigkeit in der Atmosphäre (nach HERTZ 1960 aus RÖSLER & LANGE 1965)

	Isotope	Relative natürliche Häufigkeit %
He	He^3	0,00013 v, r
	He^4	99,99987 v, r
Ne	Ne^{20}	90,92
	Ne^{21}	0,257
	Ne^{22}	8,82
Ar	Ar^{36}	0,337 v
	Ar^{38}	0,063 v
	Ar^{40}	99,6 v, r

v – Werte in verschiedenen Vorkommen können sehr variabel sein (z. B. durch Isotopieeffekte);
r – Kern kann auch durch natürlichen radioaktiven Prozeß entstehen, ein Vorgang, der ebenfalls zu variablen Isotopenzusammensetzungen führt

Tab. 4. Kernphysikalische Bildungsmöglichkeiten der Ar-Isotope nach Angaben aus ŠUKOLJUKOV (1970) [1]

Reaktion			Reaktion bekannt bzw. angenommen in folgenden Sphären
Ar^{40}			
1. $K^{40}_{19} + é \rightarrow Ar^{40}_{18} + h\nu$	Halbwertzeit: $5 \cdot 10^8$ Jahre		Lithosphäre
Ar^{36}			
2. $Cl^{35}(n, \gamma)\, Cl^{36} \xrightarrow{\beta-} Ar^{36}$	42 barn; Neutronenaktivierung in Uranmineralen, Bildung weitgehend ungeklärt		Lithosphäre
Ar^{38}			
3. $Cl^{35}(\alpha, n)\, K^{38} \xrightarrow{\beta+} Ar^{38}$	am glaubwürdigsten nach WETHERILL aus [1]	nach ŠUKOLJUKOV [1] in U-Mineralen Ar^{38} nicht durch Reaktionen mit Chlor erklärbar, nimmt andere Kernprozesse an	Lithosphäre
4. $Cl^{35}(n, p)\, Ar^{38}$	am wahrscheinlichsten nach FLEMMING & THODE aus [1] (gilt für Reaktion 3 und 4)		
5. $Cl^{37}(n, \gamma)\, Cl^{38} \xrightarrow{\beta-} Ar^{38}$	0,56 barn; untergeordnete Rolle, da Reaktion (2) und da Cl^{35} dreimal häufiger als Cl^{37}		
6. $K^{41}(n, \alpha)\, Cl^{38} \xrightarrow{\beta-} Ar^{38}$	wenig wahrscheinlich, kleiner Wirkungsquerschnitt, keine Korrelation K–Ar^{38} [1]		
7. eventuell bei Kernspaltung des Urans			

Auf Grund der chemischen Inertheit kommen ausschließlich physikalische Bildungsmechanismen in Frage. Am weitesten fortgeschritten sind die Untersuchungen der kernphysikalischen Prozesse, die zur He^4- und Ar^{40}-Bildung führen. Begründet liegt dies zweifelsohne darin, daß diese Isotope für Altersbestimmungen herangezogen werden können. Über die Herkunft der anderen Isotope gibt es Hypothesen mit unterschiedlichem Wahrscheinlichkeitsgrad.

Aus den Tab. 3 und 4 geht hervor, daß die He^4- und Ar^{40}-Produktion vom U-, Th- und K-Angebot und von der Zeit (Alter der Gesteine) abhängig ist. Eine Übersicht über die U-, Th- und K-Gehalte in verschiedenen Gesteinen und Wässern gibt Tab. 5. Untersuchungen von SOKOLOV (1966), NESMELOVA u. a. (1967) und JAKUCENI (1968) bestätigen die Zeitabhängigkeit der He^4- und Ar^{40}-Produktion, wobei hohe He- bzw. Ar-Gehalte an ältere und niedrige an jüngere Gesteine gebunden sind.

Da die Halbwertzeiten in der Größenordnung von 10^4 Jahren liegen, können die He- und Ar-Produktionsraten für die vergangenen mehreren 100 Mill. Jahre als relativ konstant angesehen werden. Nach ZARTMAN u. a. (1961) lassen sich die gegenwärtigen Produktionsmengen radiogenen Heliums und Argons im Gestein nach folgenden Formeln berechnen:

$$N_{He} = (1{,}2\ U \pm 0{,}29\ Th)\ \tau \cdot 10^{-7}\ cm^3 \quad (1)$$

$$N_{Ar_{rad}} = (3{,}99\ K)\ \tau \cdot 10^{-12}\ cm^3 \quad (2)$$

N_{He} und $N_{Ar_{rad}}$ = τ in Jahren produzierte He- und Ar_{rad}-Mengen in cm^3, wobei die U-, Th- und K-Mengen in Gramm angegeben sind.

In natürlichen Gasen konnte zwischen den He^3- und He^4-Gehalten eine direkte lineare Abhängigkeit festgestellt werden (KAMENSKIJ u. a. 1971), die auf eine kernphysikalische Bildung auch von He^3 schließen läßt.

Aus energetischen Gründen ist eine He^3-Bildung auf direktem Weg durch Zerfall eines Elements einer radioaktiven Zerfallsreihe nicht möglich. Sie erfolgt über den radioaktiven Zerfall von Tritium (MORRISON & PINE aus JAKUCENI 1968).

Bekannt sind mehr als 50 Reaktionen, die zur Bildung von He^3 über H^3 (MAMYRIN u. a. 1969a; GERLING u. a. 1971) führen können. Jedoch handelt es sich dabei meist um Reaktionen leichter Elemente mit hochenergetischen Protonen, Neutronen, α-Teilchen und γ-Quanten, die bei natürlichen Kernprozessen nicht auftreten. (Eine Ausnahme bildet die kosmische Strahlung, deren Einfluß auf die Gesteine bis in eine Teufe von mehreren 10 m reicht: $E_{n,\alpha} > 10$ MeV, $E_\gamma > 2{,}62$ MeV.)

In Tab. 6 sind die vorwiegend unter natürlichen Bedingungen möglichen Bildungsprozesse von He^3 über H^3 verzeichnet.

Die Entstehung von Ar^{36} und Ar^{38} ist noch weitgehend ungeklärt: Für beide Isotope werden ebenfalls radiogene Bildungsmöglichkeiten angenommen (ŠUKOLJUKOV 1970; SOKOLOV 1971) (s. Tab. 4).

Nach BOGARD u. a. (1965), EMERSON (1968) (aus ŠUKOLJUKOV 1972) und WETHERILL (1954) sind in Mineralen und natürlichen He-führenden Gasen Ne^{22}- und Ne^{21}-Anreicherungen im Vergleich zur Atmosphäre festgestellt worden. Deshalb liegt die Vermutung nahe, daß diese beiden Isotope durch Kernreaktionen entstehen. Als am wahrscheinlichsten werden die Reaktionen $O^{18}(\alpha,n)Ne^{21}$, $F^{19}(\alpha,n)Na^{22} \rightarrow Ne^{22}$ und $F^{19}(\alpha,p)Ne^{22}$ angesehen (ŠUKOLJUKOV 1970; ŠARIF-ZADE u. a. 1972) (s. Tab. 7). In Mineralen verschiedener Zusammensetzung besteht eine enge Abhängigkeit zwischen überschüssigem Ne^{22} und Ne^{21}. Es ist jedoch keine Korrelation zwischen Sauerstoff und Fluor bekannt. Daraus schlußfolgernd muß man noch andere Bildungsmechanismen als die hier aufgeführten annehmen (z. B. asymmetrische U-Spaltung nach ŠUKOLJUKOV 1970). Von Ne^{20} ist auf der Erde kein kernphysikalischer Bildungsvorgang bekannt; Ne^{20} wird bisher nur als primordiales Gas angesehen (RANKAMA & SAHAMA 1950; WETHERILL 1954; EMERSON u. a. 1966).

Tab. 3. Kernphysikalische Bildungsmöglichkeiten von He^4

Reaktion	Halbwertzeit Jahre	rel. Häufigkeit des radioaktiven Isotops % [3]	Clarke des radioaktiven Elements ppm	He-Menge, die aus 1 g radioaktiven Elements pro Jahr entsteht [3] 10^{-13} g	10^{-19} cm^3	Reaktion bekannt in folgenden Sphären
α-Zerfall (1—6)						
1. $U^{238} \rightarrow Pb^{206} + 8\alpha$	$4{,}51 \cdot 10^9$	99,2739	U 2,5 [1]	214,5038	120,1977	
2. $U^{235} \rightarrow Pb^{207} + 7\alpha$	$7{,}13 \cdot 10^8$	0,7205	2,7 [2]			
			Th 1,3 [1]			Lithosphäre
3. $Th^{232} \rightarrow Pb^{208} + 6\alpha$	$1{,}39 \cdot 10^{10}$		9,6 [2]	48,3828	27,1115	
4. $Sm^{147} \rightarrow Nd^{143} + \alpha$	$1{,}25 \cdot 10^{11}$	14,97	Sm 8 [1]	0,2257	0,1265	
			6 [2]			
5. $W^{180} \rightarrow Hf^{176} + \alpha$	$2{,}2 \cdot 10^{17}$		W 1,3 [1]	unbedeutende Aktivitäten		
			1,5 [2]			
6. $Bi^{209} \rightarrow Tl^{205} + \alpha$	$2{,}7 \cdot 10^{17}$		Bi 0,009 [1]	(untergeordnete Bedeutung)		
			0,17 [2]			
7. $N^{14}(n, T)3\,He^4$	Neutronenquelle: kosmische Strahlung					Atmosphäre
8. α-Teilchen (aus kosmischer Strahlung) + Elektronen (aus Atmosphäre) → He-Atome						
Reaktionen mit Protonen [4] (9—11)						
9. $Li^7 + H^1 \rightarrow 2\,He^4$	He^4 unterliegt neuen Reaktionen wie			Freiwerden großer Wärmemengen		in heißen Sternen und teilweise in der Sonne, auf der Erde unbekannt
10. $N^{15} + H^1 \rightarrow Cl^{12} + H^4$	$He^4 + He^4 \rightarrow B^8$					
11. $Li^6 + H^1 \rightarrow He^4 + He^3$	$Be^8 + He^4 \rightarrow C^{12}$					
	$C^{12} + He^4 \rightarrow O^{16}$					
	$He^3 + He^4 \rightarrow Be^7 \rightarrow Li^7$					
	$O^{16} + He^4 \rightarrow Ne^{20}$					

[1] Vinogradov (1962) aus Rösler & Lange (1965); [2] Taylor (1964) aus Rösler & Lange (1965); [3] Jakuceni (1968); [4] Sokolov (1971)

Tab. 5. U-, Th- und K-Clarkes und die Gehalte in einigen Gesteinen und Wässern

	K/ppm	Th/ppm	U/ppm
Clarkes			
Goldschmidt (1937)	25900	11,5	4
Vinogradov (1962)	25000	13	2,5
Taylor (1964)	20900	9,6	2,7
Geochemischer Charakter			
Goldschmidt (1923)	lithophil	lithophil	lithophil
Szádeczky-Kardoss	lithophil	pegmatophil	pegmatophil

	K/ppm T. & W. (1961)	K/ppm Z., W. & R. (1961)	K/ppm V. (1962)	Th/ppm A. (1959)	Th/ppm T. & W. (1961)	Th/ppm Z., W. & R. (1961)	Th/ppm V. (1962)	U/ppm A. (1959)	U/ppm T. & W. (1961)	U/ppm Z., W. & R. (1961)	U/ppm V. (1962)
Magmatite											
ultrabasische Gesteine	40		300		0,004		0,005		0,001		0,003
basische Gesteine	8300		8300		4		3		1		0,5
intermediäre Gesteine	48000	30000	23000		13	10	7		3	3	1,8
saure Gesteine		31000	33400			14	18			4	3,5
Sedimentgesteine											
Tone und Schiefer			22800		11						3,2
Schiefer	26000	33000			12	12			3,7	4	
Tone	25000	29000		12	7	11		3,7 ± 0,5	1,3	4	
Orthoquarzit		6000		1,7 ± 0,1		1,7		0,45 ± 0,05		0,5	
											B. (1934)
Sandstein	10700				1,7				0,45		
Bauxit				42				8,0			
Kohlen											50–2000
Bentonit				24				5,0			
Karbonatgesteine		6000		1,7 ± 0,7		2,4		2,2 ± 0,1		2,1	
Hartsalz		0–520000				0,4–0,5				0,1–0,2	
Uranit		—				0–120000				550000–750000	

Tab. 5. (Fortsetzung)

Hydrosphäre	Cl. (1924)	Conw. (1942)	
Flußwasser	21200		
Flußwasser ohne zyklische Salze		20200	
Meerwasser			11000

U	Tok. & Šč. (1956) g/l
Oberflächenwässer	
Ozeane, Meere, Flüsse	$(6-20) \cdot 10^{-7}$
Seen	$8 \cdot 10^{-6}$
natürl. Wässer in Sedimentgest.	$(2-50) \cdot 10^{-7}$
natürl. Wässer in sauren magm. Gest.	$(4-7) \cdot 10^{-6}$
natürl. Wässer in U-Geb.	$(8-600) \cdot 10^{-6}$

T. & W. = Turekian & Wedepohl
V. = Vinogradov
Cl. = Clarke
Conw. = Conway
Sv. = Sverdrup
Goldschmidt (1923, 1937)
Szádeczky-Kardoss
} aus Rösler & Lange (1965)

A. = Adams
Tok. & Šč. = Tokarev & Ščerbakov
B. = Burkser
} aus Jakuceni (1968)
Z. W. & R. = Zartman, Wasserburg & Reynolds (1961)

Tab. 6. Kernphysikalische Bildungsmöglichkeiten von He^3 und H^3

a) $H^3 \xrightarrow{\beta^-} He^3$ mit einer Halbwertzeit von 12,46 Jahren — b) Bildungsmöglichkeiten von H^3

Reaktion	Reaktionsenergie in MeV [1]		Wirkungsquerschnitt [1]	Berechnete Atommenge von He^3 pro 1 α-Teilchen [1]		Reaktion bekannt bzw. angenommen in folgenden Sphären
1. $Li^6(n, H^3)He^4$ (wahrscheinlichste Reaktion)	+4,8	thermische Neutronen	900 barn	$n \cdot 10^{-8}$	natürliche Neutronenquellen: — U^{238}-Spaltung [3] — α/n-Reaktionen [3, 4] z. B. Be(α, n) [4] $O^{18}(\alpha, n)Ne^{21}$ [3, 5]	Lithosphäre
2. $D(n, \gamma)H^3$	+6,2	thermische Neutronen	0,46 barn	$< 10^{-11}$	Wassergehalt in der Natur 1%; $D/H^2 = 1{,}5 \cdot 10^{-4}$ [1]	Hydrosphäre
3. $Li^7(n, H^3)He^5$	−3,4	$E_n = 45$ MeV	30 barn	$< 10^{-11}$		
4. $Be^9(n, H^3)Li^7$	−10,4	$E_n = 14$ MeV	110 barn	$\sim 10^{-14}$	max. $E_n \sim 10$ MeV bei U-Spaltung [1]	
5. $B^{10}(n, H^3)Be^8$	+0,35	schnelle Neutronen	30 barn	$\sim 10^{-12}$		
6. $B^{11}(n, H^3)Be^9$	−9,5	$E_n = 14{,}1$ MeV	15 barn	$\sim 10^{-15}$		
7. $Li^7(n, nH^3)He^4$	−2,5	$E_n = 4{,}4$ MeV	0,1 barn	$< 10^{-14}$		Lithosphäre
8. $N^{14}(n, H^3)C^{12}$	−4,0	$E_n = 4{,}4$ MeV	11 barn	$< 10^{-12}$	Neutronenquelle im Erdinnern nach [2] wenig wahrscheinlich	
9. $O^{16}(n, H^3)C^{14}$						
10. $N^{14}(p, H^3)C^{12}$					hochenergetische n und p [2]	Atmosphäre
11. $O^{16}(p, H^3)N^{14}$						
12. $Li^7(\gamma, H^3)He^4$	−2,5	E = 6,3 MeV	0,026	$\sim 10^{-12}$	hochenergetische γ-Quanten, nur ThC″ mit $E\gamma = 2{,}62$ MeV [1]	Lithosphäre
13. $Li^7(\alpha, H^3)Be^8$	−2,6	E = 10,1 MeV	2	$\sim 10^{-10}$	niedrige Li-Konzentration in Gesteinen! [1]	
14. $H^2 + H^1 \rightarrow H^3$						
15. $Li^6 + H^1 \rightarrow He^4 + He^3$						Kosmos [6]
16. $H^2 + H^2 \rightarrow H^3 + n$						

[1] GERLING u. a. (1971); [2] MAMYRIN u. a. (1969a); [3] ZARTMAN u. a. (1961); [4] JAKUCENI (1968); [5] ŠUKOLJUKOV & TOLSTICHIN (1965); [6] SOKOLOV (1971)

Tab. 7. Kernphysikalische Bildungsmöglichkeiten der Ne-Isotope

Reaktion		Reaktion bekannt bzw. angenommen in folgenden Sphären
Ne^{21}		
1. $O^{18}(\alpha, n)Ne^{21}$	wahrscheinlichste Reaktion [1]	
2. $O^{18}(\alpha, p)F^{19} \xrightarrow{\beta^-} Ne^{21}$	Wahrscheinlichkeit bedeutend kleiner als 1. [1]	
3. $Hg^{24}(n, \alpha)Ne^{21}$	— kleine Wirkungsquerschnitte	
4. $O^{18}(\alpha, \beta)F^{21} \xrightarrow{\beta^-} Ne^{21}$	— geringe Induktionsströme	Lithosphäre
5. $Ne^{20}(n, \gamma)Ne^{21}$		
6. $Ne^{22}(\gamma, n)Ne^{21}$		
7. $Na^{22}(\gamma, np)Ne^{21}$	Fotokernreaktionen, von japanischen	
8. $Na^{22}(\gamma, np)Ne^{21} \rightarrow Ne^{21}$	Forschern angenommen; nach [1] geringe Wahrscheinlichkeit	
9. eventuell bei asymmetrischer U-Spaltung [3]		
Ne^{22}		
1. $F^{19}(\alpha, n)Na^{22} \xrightarrow{\beta^-} Ne^{22}$	wahrscheinlichste Reaktionen [1] und [2]	
2. $F^{19}(\alpha, p)Ne^{22}$		
3. $Ne^{21}(n, \gamma)Ne^{22}$	Wahrscheinlichkeit bedeutend kleiner als 1. und 2., siehe Ne^{21}	Lithosphäre
4. $Mg^{25}(n, \alpha)Ne^{22}$		
5. $Na^{23}(\gamma, n)Na^{22} \xrightarrow{\beta^-} Ne^{22}$	Fotokernreaktionen, siehe Ne^{21}	
6. $Na^{23}(\gamma, p)Ne^{22}$		
7. eventuell bei asymmetrischer U-Spaltung [3]		
Ne^{20}		
—	keine kernphysikalischen Reaktionen auf der Erde bekannt, wird bisher nur als primordial angesehen	Erde
$O^{16} + He^4 \rightarrow Ne^{20}$		Kosmos [3]

nach Angaben von [1] ŠARIF-ZADE u. a. (1972); [2] ŠUKOLJUKOV (1970); [3] SOKOLOV (1971)

Die meisten Minerale vermögen die in ihnen gebildeten Edelgase nicht im Kristallgitter zurückzuhalten, zumal sich Gase durch besonders große Migrationsfreudigkeit auszeichnen. In Abhängigkeit von den bereits erwähnten Migrationsbedingungen — physiko-chemisches Verhalten der Edelgase selbst und „Umweltbedingungen" — kommt es zu einer differenzierten Umverteilung (Akkumulation oder Dispersion), die die Verteilungsbesonderheiten in den einzelnen Sphären bewirkt.

3.2. Physiko-chemische Kenndaten der Edelgase

Die Edelgase nehmen auf Grund ihrer spezifischen chemischen und physikalischen Eigenschaften unter den natürlichen Gasen eine besondere Stellung ein. Da sie in der Natur grundsätzlich im Gemisch mit anderen Gasen auftreten, sollen wesentliche physiko-chemische Parameter der Begleitgase mit aufgeführt werden. Im Unterschied zu den anderen natürlichen Gasen gehen die Edelgase infolge ihrer chemischen Inertheit unter Normalbedingungen keine Verbindungen ein.

Ausschlaggebend für Migrationsform und -geschwindigkeit sind vor allem Dichte und Atomdurchmesser. So z. B. zeichnen sich leichte Gase durch die höchsten Migrationsgeschwindigkeiten aus (v. Engelhardt 1960).

Eine Übersicht über die wichtigsten physiko-chemischen Kenndaten gibt Abb. 1. Die zugrunde liegenden Daten sind in Anlage 1 zusammengestellt.

Die Gase migrieren aus den Kristallgittern in die Hohlräume der Gesteine (Poren, Klüfte, Spalten) und werden in den sich dort befindenden Medien (Schichtwasser, Erdöl, Erdgas) gelöst. Die unterschiedlichen Edelgasgehalte sind eine Funktion vieler Faktoren. Der maximale Wert wird durch die Löslichkeit in den einzelnen Medien begrenzt (abhängig von den Eigenschaften der Lösungsmittel wie spezifisches Gewicht und Zusammensetzung sowie vom physiko-chemischen Milieu, beispielsweise Druck und

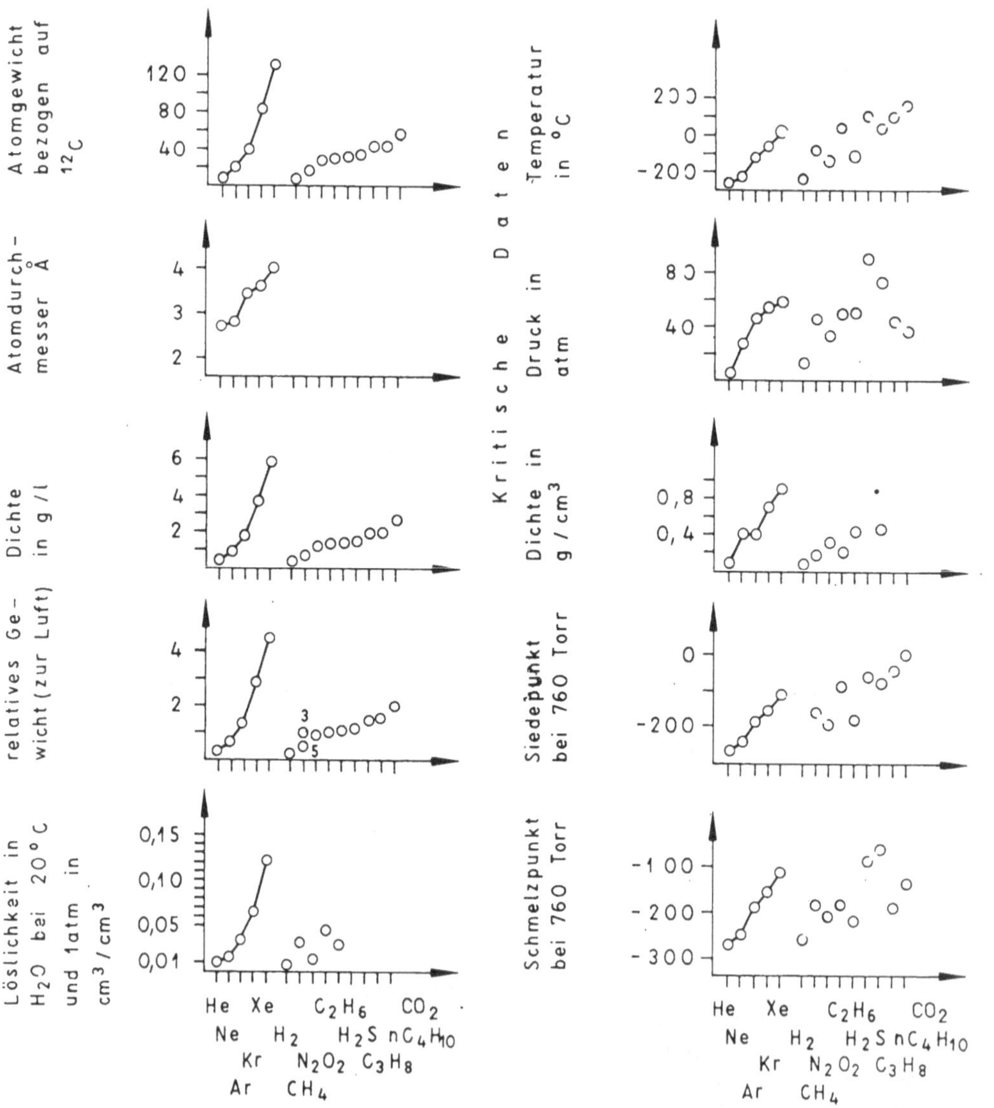

Abb. 1. Physiko-chemische Kenndaten einiger Gase (Daten s. Anlage 1)

Temperatur), wobei Argon stets leichter löslich ist als Helium. In Erdölen ist die Löslichkeit größer als in Wässern, unbegrenzt in der freien Gasphase. Die absolute He- bzw. Ar-Menge ist jedoch im allgemeinen bedeutend geringer als die Löslichkeitsgrenze.

Zahlreich sind die Löslichkeitsbestimmungen (Anlage 2) in reinem Wasser und Süßwasser (aus Jakuceni 1968), während die Verhältnisse im Meerwasser (König 1963) und in den unterirdischen Wässern und Erdölen (Čerepennikov 1951) weniger untersucht sind.

Im allgemeinen sinkt die Löslichkeit der Gase mit steigender Temperatur und Mineralisation (Abb. 2), nimmt dagegen mit steigendem Druck (Abb. 3) zu.

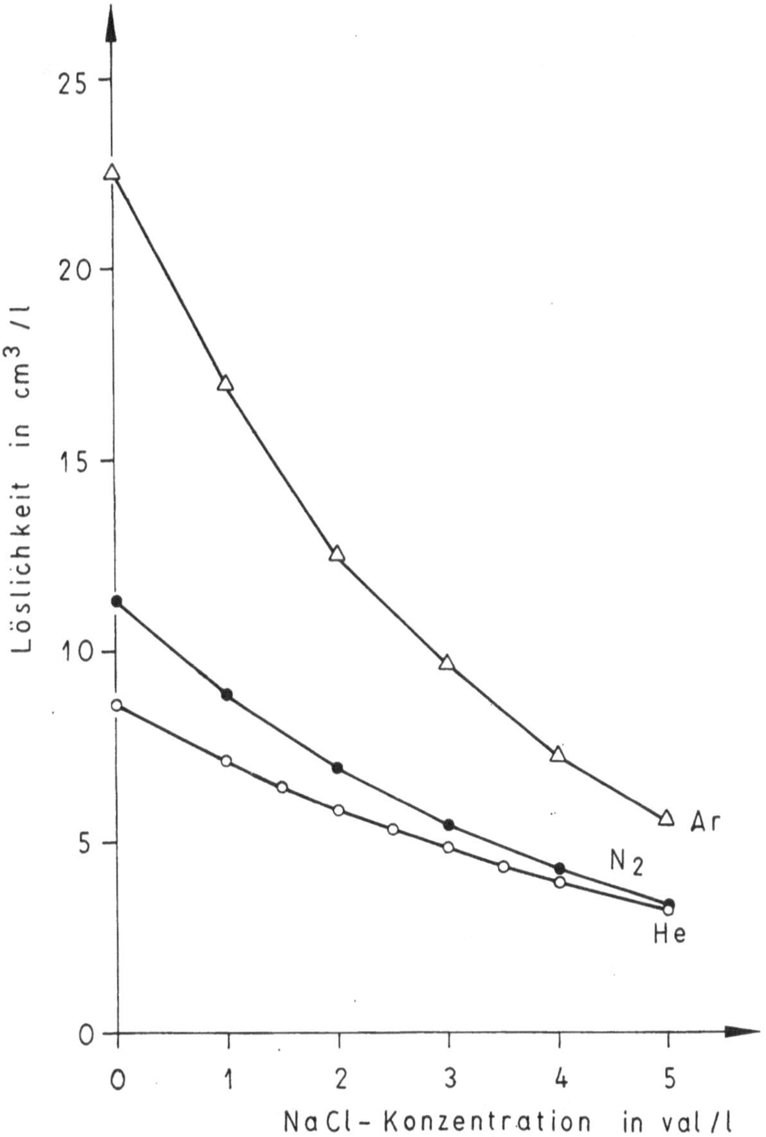

Abb. 2. Abhängigkeit der Löslichkeit (Helium, Stickstoff und Argon) von der Mineralisation nach Daten von Mišnina u. a. (1961), Morrison u. a. (1954 aus Jakuceni 1968) und Čerepennikov (1958)

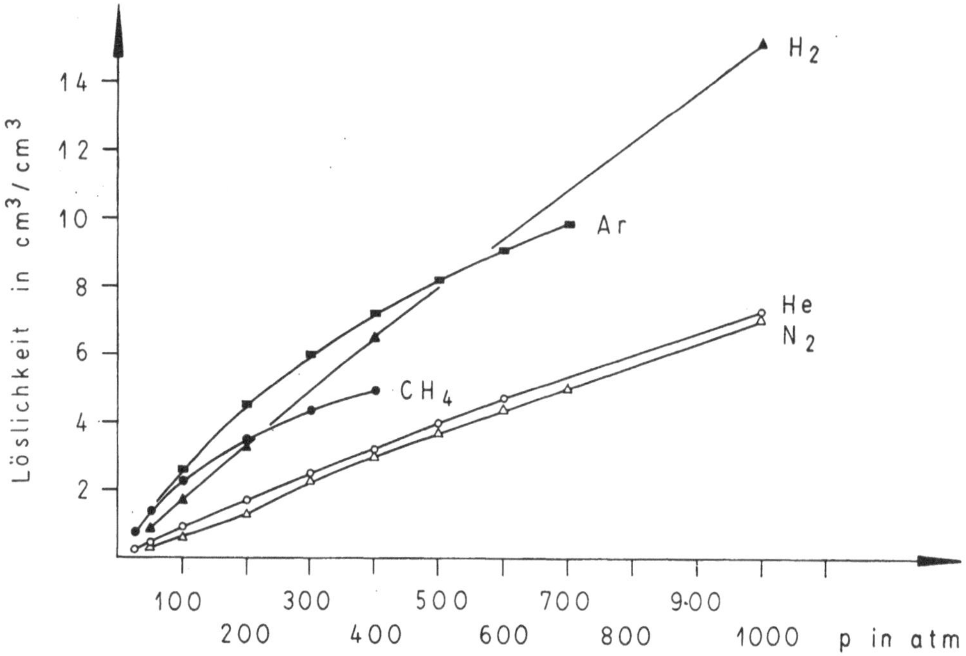

Abb. 3. Löslichkeit einiger Gase als Funktion des Drucks nach Daten von NAMIOT u. a. (1963), MIŠNINA u. a. (1961 aus JAKUCENI 1968) und SOKOLOV (1966)

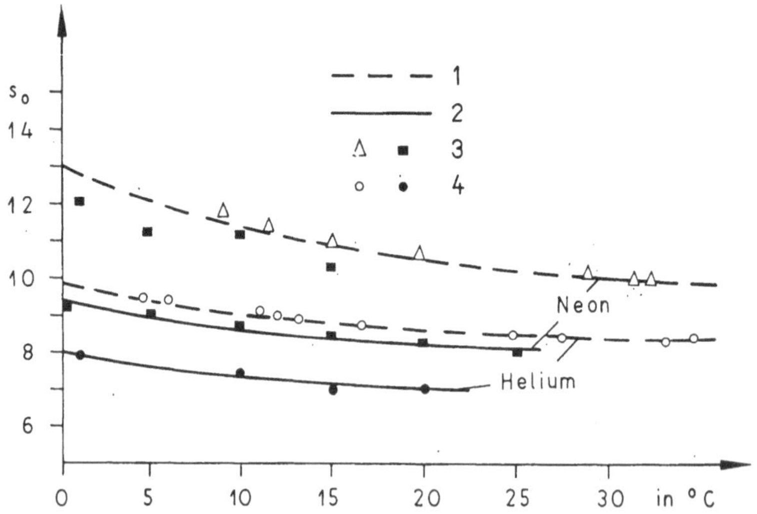

Abb. 4. Löslichkeit in cm³/1000 g H_2O bei 750 Torr von Helium und Neon in reinem Wasser und Meerwasser in Abhängigkeit von der Temperatur.

1 – reines Wasser; 2 – Meerwasser; 3 – Werte von KÖNIG (1963); 4 – Werte von MORRISON & JOHNSTONE (aus KÖNIG 1963)

Für die Edelgase ermittelte König (1963) auf Grund seiner Meßergebnisse folgende Gesetzmäßigkeiten (Abb. 4, 5):

1. Die Löslichkeit im Meerwasser ist stets geringer als im reinen Wasser (Mineralisation!).
2. Mit steigendem Atomgewicht nimmt die Löslichkeit zu.
3. Die Temperaturabhängigkeit wird mit steigendem Atomgewicht größer.

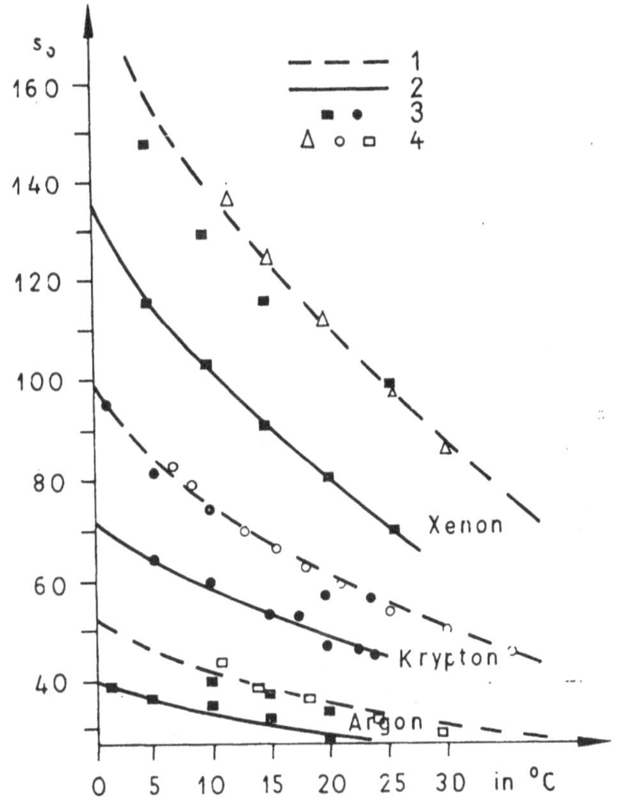

Abb. 5. Löslichkeit in cm^3/1000 g H_2O bei 750 Torr von Argon, Krypton und Xenon in reinem Wasser und Meerwasser in Abhängigkeit von der Temperatur

1 – reines Wasser; 2 – Meerwasser; 3 – Werte von König (1963); 4 – Werte von Morrison & Johnstone (aus König 1963)

Ferner konnten für die Löslichkeit von Gasen Besonderheiten festgestellt werden:

1. Die Löslichkeit unpolarer Gase in Wasser ist bedeutend kleiner als die von polaren Gasen (z. B. H_2S).
2. Mit steigender Temperatur sinkt die Löslichkeit der unpolaren Gase anfänglich, erhöht sich danach allerdings wieder (Abb. 6).

Der Temperaturbereich für die minimale Löslichkeit liegt bei Helium zwischen 25–40 °C und für Argon wahrscheinlich zwischen 70–90 °C (Jakuceni 1968); zum Vergleich: Methan 80–90 °C (Mišnina u. a. 1961 aus Jakuceni 1968), Stickstoff 70–80 °C (Jakuceni 1968). Die Löslichkeit nimmt für Neon – bis zu einer Temperatur von 50 °C – stetig ab. Eine Minimalangabe kann nicht gemacht werden, da für höhere Temperaturen bislang keine Bestimmungen vorliegen.

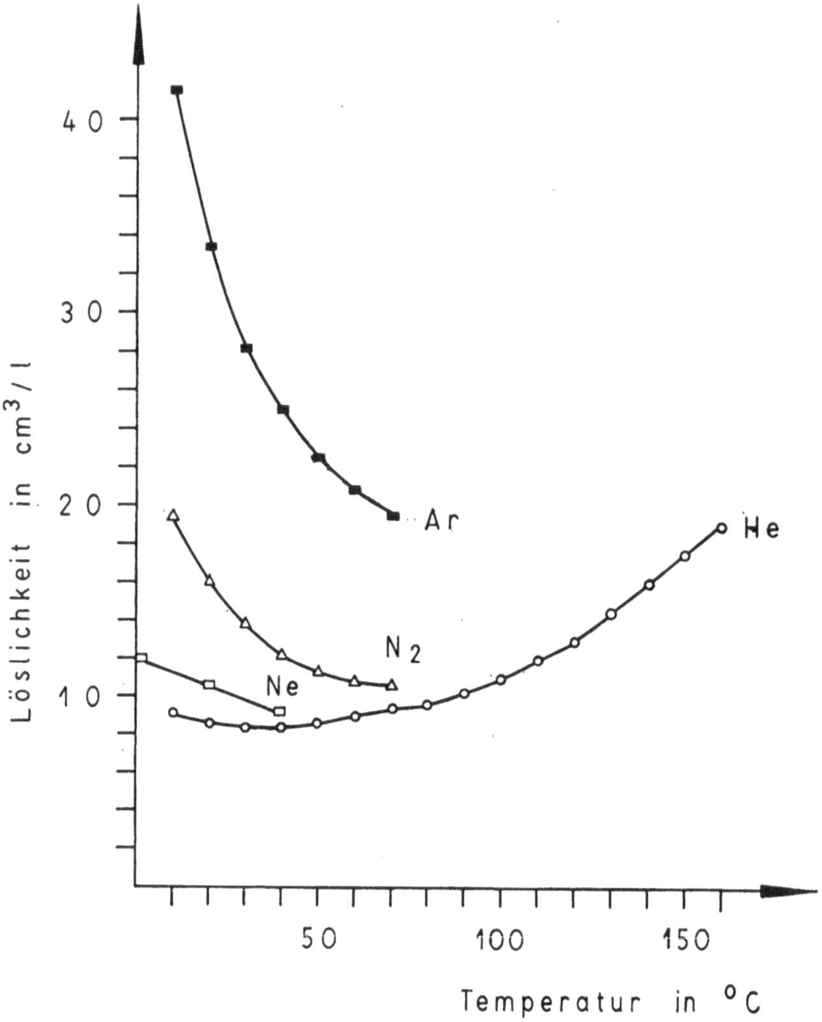

Abb. 6. Löslichkeit von Helium, Argon, Stickstoff und Neon als Funktion der Temperatur nach Daten von MIŠNINA u. a. (1961), MORRISON u. a. (1954), NAMIOT u. a. (1968 aus JAKUCENI 1968) und ČEREPENNIKOV (1958)

Wesentliche Änderungen im Löslichkeitsverhalten der reinen Gase treten auf, wenn sie als Komponenten in Gasgemischen vorkommen. So steigt beispielsweise – allerdings nur bei niedrigen He-Gehalten – die Löslichkeit des Heliums im Methangemisch. Berechnungen von MACHMUDOV (aus JAKUCENI 1968) ergaben, daß bei 75 °C und 500 at die Löslichkeit von Helium und Methan praktisch gleich ist. Im Gemisch jedoch wird Helium bei gleicher Temperatur schon bei 200 at löslicher als Methan. Ein anderes Beispiel zeigt, daß sich Helium bei 700 at weniger löst als Argon. Befinden sich hingegen beide in einem Methan-Gemisch (He → 0; Ar → 0; CH_4 → 100), so ist die Löslichkeit des Heliums in Wasser schon bei ~ 400 at und ab 25–50 °C größer als die des Argons.

Das Löslichkeitsverhalten in Schichtwässern ist kaum untersucht worden. Auf jeden

Fall sind die p-T-Bedingungen, die Mineralisation der Schichtwässer und die Begleitgase der Edelgase unbedingt zu berücksichtigen.

In Erdölen verringert sich die Löslichkeit der Edelgase nach Čerepennikov (1951) mit steigendem spezifischem Gewicht des Erdöls und mit steigender Temperatur. So ist sie in Paraffinen höher als in Naphthenen und in diesen wiederum höher als in Aromaten (Jakuceni 1968). Argon ist löslicher als Helium (s. Tab. 8).

Tab. 8. He-, N_2- und Ar-Löslichkeit in cm^3/cm^3 NTP in Erdölen bei Normaldruck und verschiedenen Temperaturen (nach Čerepennikov 1951)

Probe	Spez. Gewicht	Bunsener Absorptionskoeffizient					
		Helium		Stickstoff		Argon	
		15—17 °C	40 °C	15—17 °C	40 °C	15—17 °C	40 °C
Erdöl aus	0,900	0,057	0,044	0,106	0,097	0,189	0,178
Šersu	0,884	0,049	0,035	0,114	0,102	0,204	0,184
(verschiedene	0,875	0,057	0,040	0,101	0,098	0,195	0,181
Felder)	0,867	0,050	0,035	0,108	0,102	0,216	0,189
	0,863	0,071	0,052	0,130	0,118	0,232	0,213
	0,849	0,071	0,054	0,127	0,118	0,236	0,216
	0,835	0,066	0,056	0,135	0,129	0,242	0,221
Kerosin	0,828	—	—	0,131	0,112	0,248	0,205
Erdöl, Baku	0,790	0,077	0,054	0,167	0,152	0,304	0,275
Benzin	0,729	0,087	0,066	0,229	0,202	0,411	0,363

Ein Vergleich von Tab. 8 mit Abb. 6 zeigt, daß die Löslichkeit von Helium, Argon und beispielsweise Stickstoff im Temperaturbereich zwischen 15—40 °C bei 1 at in Erdölen etwa eine Zehnerpotenz höher liegt als in Wässern.

Über die Löslichkeit des Neons liegen wenige Angaben vor. Das mag daran liegen, daß Neon in Erdölen und Erdgasen in sehr geringen Konzentrationen ($\sim 10^{-6}$ Vol.-%) auftritt.

Die Erdgase existieren nicht nur in freier und gelöster Form, sie können auch teilweise von den Mineralen adsorbiert werden. Dabei ist die Adsorptionsfähigkeit eine Funktion des Gesteins bzw. Minerals selbst und des zu adsorbierenden Gases. So wird Helium unter NTP-Bedingungen sehr wenig adsorbiert; die Adsorbierbarkeit steigt mit fallender Temperatur (s. Tab. 9). Es sei darauf hingewiesen, daß auf diesen Unterschieden die Trennung von Gasgemischen bei der Gasanalytik beruht.

Die Diffusion als Migrationsform tritt unter natürlichen Bedingungen in verschiedenen Formen auf:

1. Diffusion eines Gases im Gasmedium (s. Anlage 3 und Tab. 10);
2. Diffusion eines Gases in Flüssigkeiten (Wässer, Erdöle).

In Flüssigkeiten sind die Diffusionskonstanten etwa 10^5mal kleiner als in Gasen. Die Gasdiffusion durch Flüssigkeiten ist wenig untersucht (Diffusionskoeffizienten s. Tab. 10).

3. Diffusion eines Gases im Gestein (s. Anlage 3).

Mit der Entwicklung der He- und K—Ar-Altersbestimmungsmethoden wurden gleichzeitig eingehende Untersuchungen der Diffusion von Helium und Argon in Festkörpern erforderlich, da nur Minerale verwendet werden können, bei denen kleine oder gar keine Verluste an Gas durch Diffusionsprozesse auftreten.

Tab. 9. Gassorption durch verschiedene Adsorber

Gas	Sorbens	Menge bzw. Volumen des sorbierten Gases auf 1 g des Sorbens in 1 cm^3		Bedingungen	
[2] He und N_2	Kohle	He: 6,5	N_2: 302	−190 °C	1 at
		4,0	246	−159 °C	1 at
		0,85	121	−104 °C	1 at
		0,45	92	−86 °C	1 at
		0,30	70,8	−75 °C	1 at
		0,20	48	−48 °C	1 at
[1] CH_4	Kohle	18		20 °C	6 at
	Kalkstein	0,13		Normalbedingungen	
[1] C_2H_6	Ton	0,27		Normalbedingungen	
[1] Propan	Kalkstein	0,23		Normalbedingungen	
[1] Butan	Ton	0,5−0,7		Normalbedingungen	
	Kieselgel	42		20 °C	200 Torr
		80		20 °C	400 Torr
		100		20 °C	700 Torr

[1] nach SOKOLOV (1955); [2] nach FINKEL'ŠTEJN & ZAJBEL aus JAKUCENI (1968)

Tab. 10. Diffusionskoeffizienten D von Gasen bei Diffusion in Luft und in Wasser bei NTP-Bedingungen

Gas	D in Luft [cm^2/s]	D in Wasser [10^{-5} cm^2/s]
Methan	0,23	2,2
Äthan	0,18	1,6
Propan	0,14	1,3
kohlensaures Gas	0,14	1,6
Sauerstoff	0,17	1,9
Stickstoff	—	1,8
Wasserstoff	0,61	4,6
Helium	0,65	3

nach SOKOLOV (1956) und PUTILOV (1959) aus JAKUCENI (1968)

Mit der Diffusion des Heliums beschäftigten sich verschiedene Autoren, unter anderem PANETH (1928, 1929), URRY (1932−1933), ČEREPENNIKOV (1933) und CHLOPIN (1936 aus JAKUCENI 1968) sowie GERLING u. a. (1962) und TUGARINOV u. a. (1972).

Bestimmungen von Diffusionskonstanten des Argons in Mineralen liegen beispielsweise von FECHTIG u. a. (1961), KALBITZER (1962), KUZ'MIN (1961), KHUTSAIDZE (1962), GERLING u. a. (1960), KAZAKOV u. a. (1966), KARPINSKAJA u. a. (1965), GERLING u. a. (1966) und FECHTIG & KALBITZER (1966) vor. Grundsätzlich gilt für Minerale $D_{Ar} < D_{He}$, wobei die Diffusionskonstanten von der Temperatur sowie den strukturellen und physikochemischen Bedingungen im Kristallgitter (s. Abschn. 3.3.) abhängig sind.

Die Diffusionskonstanten D der Gase für Minerale sind noch bedeutend kleiner als die der Flüssigkeiten. Durch besonders niedrige Diffusionskonstanten für Helium zeichnen sich Salzminerale aus. Für Gesteine gibt es keine Angaben über die Diffusionskonstanten von Helium und Argon. Nach NEWTON & ROUND (1961) ist es empfehlenswert, für Silikatgesteine und für Wasser D_{He} von 10^{-10} bzw. 10^{-5} cm^2/s anzunehmen.

3.3. Strukturelle und physiko-chemische Bedingungen im Kristallgitter der edelgasbildenden Minerale

Die Verflüchtigungsraten von Edelgasen aus dem Kristallverband der Minerale sind bislang nicht genau untersucht worden. Die Hauptfaktoren, die das Rückhaltevermögen der Minerale bestimmen, können nach Gerling (1935—1957) aus Jakuceni 1968 folgendermaßen zusammengefaßt werden:

1. strukturelle und chemische Bindungen im Kristallgitter der edelgasbildenden Minerale,
2. physiko-chemische Bedingungen und sekundäre physiko-chemische und mechanische Einwirkungen auf den Zustand des Gitters.

Die Lage der Edelgase im Kristallaufbau ist abhängig von den Lagen der Produktionsquellen (Uran, Thorium, Kalium), wobei die Edelgase folgendermaßen auftreten können:

a) in freier Form eingeschlossen in verschiedenen kleinen Poren, Hohlräumen, Klüften, Kapillaren usw.,
b) in loser Bindung an Unebenheiten der Kristallflächen oder fest an Spaltflächen adsorbiert,
c) innerhalb der Kristallgitter, wobei die Edelgase einnehmen können:
   - einen regulären Platz im Gitter bei Substitution eines bei der Bestrahlung herausgeschlagenen Atoms,
   - eine irreguläre Lage im kristallinen Raum oder
   - eine Leerstelle im Kristallgitter.

Die Abgabe der Edelgase erfolgt stufenweise entsprechend der Bindungsenergie zwischen Gasatom und Gitter sowie entsprechend der jeweiligen Intensität der äußeren Einwirkungen auf das Gitter; z. B. geht die Gasdiffusion für den gesamten Temperaturbereich von 25—1000 °C im allgemeinen nicht linear vonstatten.

Für isotrope natürliche Minerale sind fast immer zwei verschiedene Aktivierungsenergien E (oder Diffusionswärmen nach Gerling) charakteristisch, wobei die eine für die Nichtvolumendiffusion bei niedrigen Temperaturen gilt und die andere die Volumendiffusion bei höheren Temperaturen repräsentiert.

In Mineralen mit komplexen anisotropen Gitterstrukturen konnten bis zu fünf verschiedene Werte für die Aktivierungsenergien festgestellt werden [Untersuchungen mit Argon an Glimmer und Perthit von Gerling & Morozova (1962); mit Helium an Monazit in Jakuceni (1968)].

Die Energiequantelung kann folgende Ursachen haben:

1. energetisch unterschiedliche Bindungen in Abhängigkeit von der Lage der Ar- bzw. He-Atome im Kristallgitter,
2. Phasenübergänge im Kristallgitter,
3. Gitterstörungen (Dislokationen, bevorzugtes Eckenwachstum, Spiralwachstum und anderes).

Nach Fechtig u. a. (1960) gehen die Diffusionskonstante linear und die Kristallgröße quadratisch in die Gasverluste ein.

Es ist anzunehmen, daß die He-Wanderung in Kristallgittern mit fester Struktur sowohl über intrakristalline Räume als auch über unbesetzte Stellen erfolgt, ebenso in Mineralen mit unbeständiger oder lockerer Struktur, also mit zahlreichen primären und sekundären Störungen, wobei eine freie Migration über den gesamten intrakristallinen Raum vorherrscht.

Der größte Teil von Uran und Thorium (He-bildende Elemente) in den Eruptivgesteinen (etwa 2/3 der Gesamtmasse) ist in Akzessorien (meist nicht größer als 10 μm) wie Zirkon und Monazit enthalten. Der Anteil dieser Minerale in den Gesteinen ist nicht größer als 1%. Thorium und Uran sind isomorph im Kristallgitter verteilt, so daß das gebildete Helium im Gitter gut zurückgehalten werden kann. Zirkone mit niedrigen

Gehalten radioaktiver Elemente können fast das gesamte in ihnen gebildete Helium speichern (Hurley 1956 aus Jakuceni 1968). Anreicherungen radioaktiver Elemente führen durch Strahlungsschäden zu bedeutenden He-Verlusten. Auch wenn die Radioisotope nur als Beimengung (Quarz, Feldspäte) oder als Anlagerungen an die Mineraloberflächen existieren, kann das von ihnen gebildete Helium bei niedriger Radioaktivität oft gut erhalten bleiben. Basische Gesteine weisen eine homogene Verteilung der Radioisotope auf, und längs Klüften werden nur geringe U—Th-Gehalte verzeichnet (Pičotto aus Jakuceni 1968). Die Radioisotope scheinen zu den strukturellen Bestandteilen zu gehören. Das gebildete Helium — in Form einer schweren Lösung in der Struktur — wird folglich fest zurückgehalten (Capr & Kulp 1953 aus Jakuceni 1968).

Granite zeichnen sich durch hohe He-Diffusionskoeffizienten aus (Tugarinov u. a. 1972), da die radioaktiven Elemente wie Uran und Thorium (höhere Gehalte als in basischen Gesteinen) sich sekundär in Form von feinen Filmen an den Oberflächenstrukturen der gesteinsbildenden Minerale oder längs von Klüften abgelagert haben.

Eine gute He-Erhaltung ist folglich nur in Mineralen zu erwarten, die eine geringe Radioaktivität aufweisen und deren radioaktive Elemente gesetzmäßig über die Kristallgitter verteilt sind.

Helium diffundiert unter denselben p-T-Bedingungen im Gesteinsverband (siehe Diffusionskoeffizienten in Anlage 3) grundsätzlich schneller als Argon (Kuško u. a. 1962 aus Jakuceni 1968).

Wenn das Argon als reguläres Gitterion auftritt, ist der dominierende Diffusionsmechanismus die Volumendiffusion. Eine Nichtvolumendiffusion muß auf strukturelle Defekte (Dislokationen, Korngrenzen usw.) zurückgeführt werden.

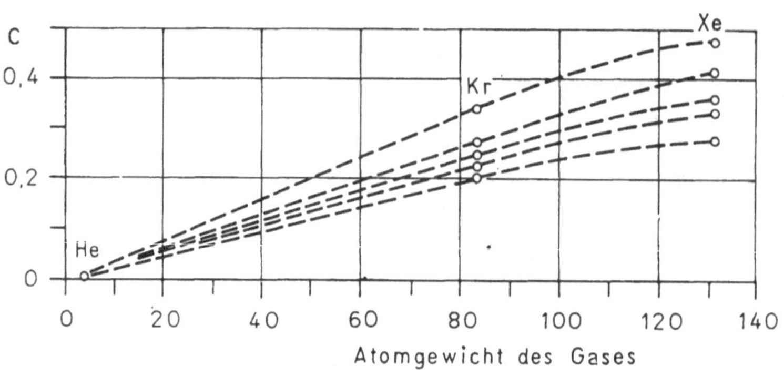

Abb. 7. Rückhaltekoeffizienten C der Gase in Uraniniten Nordkareliens — jede Linie entspricht einer Uraninitprobe (aus Šukoljukov 1970)

Die Ne-Verluste der Minerale sind selten untersucht worden. Jedoch kann man für Minerale, in denen die Verluste des radiogenen Helium, Argon, Krypton und Xenon bekannt sind, die Ne-Verluste abschätzen. Ein Vergleich der Rückhaltekoeffizienten von Helium, Krypton und Xenon in einem Titantantalniobaten zeigt eine klare Korrelation (Abb. 7 aus Šukoljukov 1970).

Die Rückhaltekoeffizienten von Neon können durch Interpolation ermittelt werden.

Urry (1936)[1]) schlußfolgerte, daß die He-Diffusion in basischen Gesteinen nur durch metamorphe Beanspruchung aktiviert werden kann. Gerling (1936)[1]) mußte jedoch feststellen, daß die Minerale sogar bei gewöhnlichen Temperaturen Helium verlieren können und daß im gleichen Gestein in verschiedenen Mineralen ungleiche He-Verluste

[1]) aus Jakuceni (1968)

zu verzeichnen waren, demzufolge die Kristallstruktur in diesem Zusammenhang eine wesentliche Rolle spielt.

GERLING[1]) konnte die höchsten He-Verluste bei den lockersten Kristallstrukturen feststellen. KEEVIL schlug die Einführung eines Rückhaltekoeffizienten vor. Die Daten von GERLING[1]) (Packungsdichte) und KEEVIL[1]) (Rückhaltekoeffizienten) stimmen jedoch nicht immer überein. Bei ähnlichen Packungsdichten (z. B. Quarz und Magnetit) ergaben sich sehr unterschiedliche Koeffizienten.

Um sich ein endgültiges Urteil über den Mechanismus der He- und Ar-Diffusion bilden zu können, müssen Ergänzungsdaten, die auf die strukturellen Besonderheiten der Kristallgitter eingehen, herangezogen werden wie:

1. die Spaltbarkeit
   - z. B. ⊥ zu den Spaltflächen bevorzugte He-Wanderung (GERLING 1957)[1])
   - z. B. bei Phlogopit ∥ zur Spaltbarkeit größte Ar-Diffusion (EVERNDEN u. a. 1960)
2. Fremdeinschlüsse
   - fördern die Lockerung der Kristallgitter
3. Diffussionswärme.

Die Minerale mit dichtester und beständigster Packung des Kristallgitters haben gewöhnlich die höchsten Diffusionswärmen (Aktivierungsenergien). Da die meisten gesteinsbildenden Minerale mit lockerer Packung niedrige Werte für die Diffusionswärme des Heliums besitzen, weisen sie folglich auch bedeutende He-Verluste auf.

Jegliche Zerstörung der Einheitlichkeit der Struktur führt zu erhöhten He- und Ar-Verlusten. Neben thermischen und verschiedenen mechanischen Einwirkungen kommen chemische Reaktionen, Strahlungsschäden, Umkristallisationsprozesse und Änderungen der Kristallstruktur – polymorphe Umwandlungen, Metamorphose usw. – in Frage.

Insgesamt gesehen sind die strukturellen Veränderungen, die auf Strahlungseffekte zurückzuführen sind (Amorphisierung, Umkristallisation, polymorphe Umwandlungen, Färbung, Lumineszenz) unter natürlichen Bedingungen geringfügig, wobei der Hauptanteil der Schädigung auf α-Teilchenbeschuß zurückgeführt wird.

Intensive He-Verluste infolge thermischer Einwirkung beginnen erst bei ausreichend hohen Temperaturen ($> 400\,°C$) bemerkbar zu werden (thermische Metamorphose). Allerdings sind auch hohe He-Verluste (GERLING 1957b)[1]) bei relativ geringen Erwärmungen ($< 400\,°C$) möglich, wenn sie in großen Zeiträumen erfolgen (z. B. Absinken der Gesteine bei verschiedenen tektonischen Bewegungen).

Experimentelle Untersuchungen von MURINA & SPRINTSSON (1961) und von SARDAROV (1963) an Glaukoniten brachten für das Argon analoge Ergebnisse. Sie erkannten ferner – wie bereits REYNOLDS (1957 aus FECHTIG u. a. 1966) –, daß die Ar-Verluste infolge Freisetzung von Hydroxylwasser auf strukturelle Zersetzung des Minerals zurückzuführen sind.

Als Beispiel für die Aktivierung des Ar-Austrags bei strukturellen Veränderungen können die Untersuchungen von EVERNDEN u. a. (1960) an Leucit angeführt werden. Argon konnte auf Grund des Übergangs vom pseudoisometrischen zum isometrischen Habitus bei 550 °C in ein bis zwei Tagen vollständig extrahiert werden.

Der Einfluß mechanischer Zerkleinerung auf den He- bzw. Ar-Verlust wurde von STRUTT u. a. (aus JAKUCENI 1968) an Thorianit- und Monazitproben (Helium) und von GERLING u. a. (1960) an Mikroklinproben (Argon) untersucht. Der Verlust wuchs mit zunehmender Zerkleinerung, wobei er bei Helium 30% nicht überstieg. Der Wert für Argon im Mikroklin hingegen stieg während des Mahlprozesses von 20% auf 70%.

Nicht zuletzt ist die Zusammensetzung der das Mineral umgebenden Gasphase ausschlaggebend für die He-Erhaltung. Nach CHLOPIN u. a. (1957 aus JAKUCENI 1968) ist der Einfluß bei Th-Mineralen nicht so wesentlich wie bei U-Mineralen (Tab. 11).

Tab. 11. He-Abscheidung aus Mineralen in die Atmosphäre verschiedener Gase [nach Chlopin u. a. (1957) aus Jakuceni (1968)]

Mineral	Gasmilieu	Erwärmungs-temperatur °C	Heliumverlust %
Uraninit	Vakuum	600	34,5
	N_2	600	32,8
	CO_2	600	76,8
	CH_4	600	40,0
	SKW	600	80,5
	H_2	600	76,3
	O_2	500	94,5
Monazit	Vakuum	900	80,0
	CO_2	900	77,9
	H_2	900	75,3

Es wird angenommen, daß die stimulierende Wirkung der Gase auf die He-Absonderung aus Mineralen unter anderem auf Verdrängung des Heliums aus den aktiven Zentren der inneren Mineraloberfläche und Adsorption durch Moleküle oder Atome anderer Gase zurückzuführen ist. Khutsaidze (1962) untersuchte den Einfluß des umgebenden Mediums auf die Ar-Extraktion und kam zu analogen Ergebnissen.

4. VERTEILUNG VON HELIUM, ARGON UND NEON IM KOSMOS UND IN DEN GEOSPHÄREN

Ausgehend von der Annahme, daß die Bildung der Erde auf Verdichtung kosmischer Materie zurückzuführen ist, sollen in diesem Zusammenhang die Verteilungsbesonderheiten der He-, Ne- und Ar-Isotope im Kosmos und in den Geosphären sowie einige genetische Fragen betrachtet werden.

4.1. Heliumisotope im Kosmos und den Geosphären

Helium wurde 1868 im Sonnenspektrum und 1895 auf der Erde nachgewiesen. Das He^3-Isotop wurde infolge seiner großen Seltenheit erst im Jahre 1939 von Alvarez & Cornog entdeckt. Die ersten Daten über massenspektrometrisch bestimmte He-Isotopenverhältnisse in terrestrischen Gasen publizierten Aldrich & Nier (1948). Bis 1968 sind dann keine neuen experimentellen Untersuchungen der Isotopenzusammensetzung in irdischen Objekten bekannt geworden, was vor allem auf die außerordentlichen apparativen Schwierigkeiten zurückzuführen ist.

4.1.1. Helium im Kosmos

Nach spektralanalytischen und radioastronomischen Untersuchungen überwiegen im Kosmos die leichtesten Elemente: Wasserstoff und Helium. Edelgasuntersuchungen wurden bereits an verschiedenen Meteoriten (Zähringer u. a. 1960; Kirsten 1961; Signer u. a. 1963; Pepin u. a. 1965; Auer u. a. 1965; Hintenberger u. a. 1966; Schultz u. a. 1967; Zähringer 1968; Anders u. a. 1970; Black 1970; Levskij u. a. 1970; Mazor u. a. 1970; Fanale u. a. 1972; Jeffery u. a. 1972; Levskij 1972, und andere) und neuerdings auch an Gesteinsproben von der Mondoberfläche durchgeführt (Tab. 13) (FUNKHOUSER u. a. 1970; SMIRNOV u. a. 1970; HEYMANN u. a. 1970; VINOGRADOV 1972; VINOGRADOV u. a. 1972; ANUFRIEV u. a. 1972). Generell werden gegenüber irdischen Objekten im Kosmos wesentlich höhere He-Gehalte und He^3/He^4-Werte festgestellt. Das He^3/He^4-Verhältnis liegt in der Größenordnung von $n \cdot 10^{-4}$ (Abb. 8, 9 und Tab. 12—14). Folglich hat He^3 im kosmischen Helium einen größeren Anteil als im terrestrischen. Die annähernd gleichen He^3/He^4-Verhältnisse der kosmischen Materie und des Mantelmaterials der Erde (vulkanische Gase — s. Abschn. 4.1.5.), können als Beweis für die Existenz primordialen Heliums in den Tiefensphären der Erde gedeutet werden.

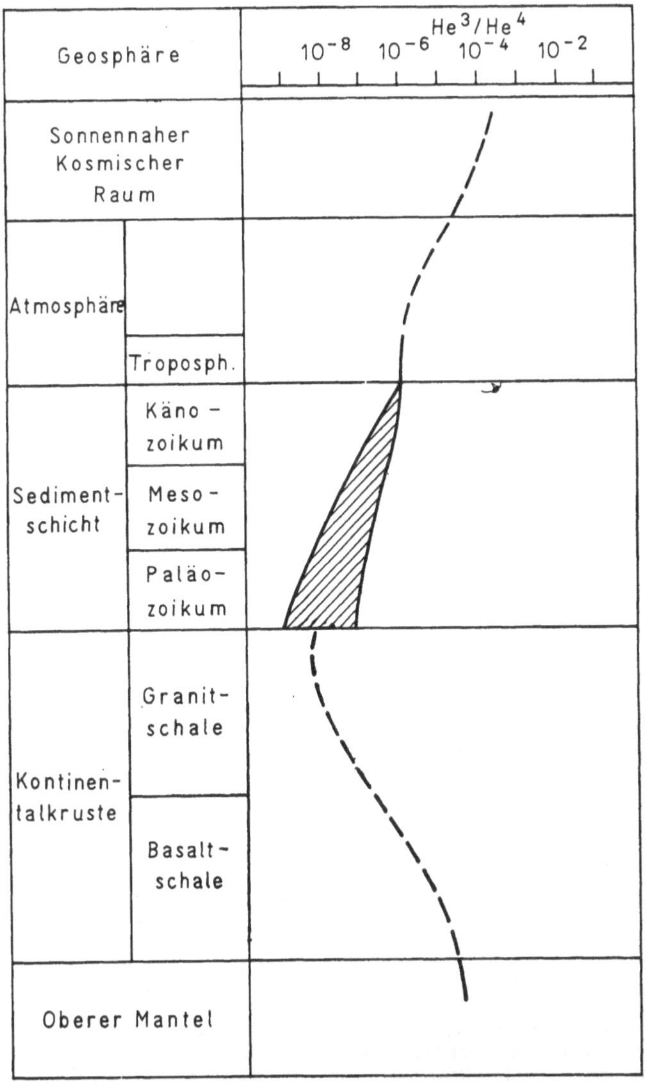

Abb. 8. He^3/He^4-Verhältnisse in verschiedenen Sphären (nach KAMENSKIJ 1971)

Tab. 12. He-Gehalte und He-Isotopenzusammensetzung im Kosmos und in der Atmosphäre

	He-Gehalte		Autor	He^3/He^4 bzw. He^4/He^3	Autor
Kosmos	Anteile im Kosmos: He – 23 Masse-% H_2 – 76 Masse-%		[1]		
	H_2 : He		[1]		
	primäre kosmische Strahlung	1 : 0,15			
	Sonne	84 : 15			
	Fixstern	57 : 40			
	in manchen Sternen	$H_2 < He$			
	Dichte des He im interstellaren Gas: $2{,}3 \cdot 10^{-25}\ cm^3/g$		[1]		
	Meteorit „Kapoeta" $2{,}23\ mm^3\ He^4/g$		[2]	He^3/He^4 Steinmeteorite $1{,}5 \cdot 10^{-4}$	[8]
	Chondrit „Kunašak" $1{,}48 \cdot 10^{-3}\ mm^3\ He^4/g$		[3]	Chondrit „Orgueil"	[9]
	carb. Chondrite $2{,}4 \cdot 10^{-3}\ mm^3\ He/g$		[4]	Magnetit $(3{,}8 \pm 0{,}4) \cdot 10^{-4}$	
	Bronzit-Chondrit ungetrennte Probe $32{,}0 \cdot 10^{-8}\ cm^3\ He^3/g$ $17{,}3 \cdot 10^{-6}\ cm^3\ He^4/g$		[5]	Schichtsilikat $(1{,}4 \pm 0{,}4) \cdot 10^{-4}$	
	Chondren (20%) $34{,}6 \cdot 10^{-8}\ cm^3\ He^3/g$ $22{,}2 \cdot 10^{-6}\ cm^3\ He^4/g$				
	Matrix $34{,}2 \cdot 10^{-8}\ cm^3\ He^3/g$ $20{,}5 \cdot 10^{-6}\ cm^3\ He^4/g$				
	Eisen $17{,}4 \cdot 10^{-6}\ cm^3\ He^3/g$ $4{,}48 \cdot 10^{-6}\ cm^3\ He^4/g$			He^3/He^4 Mondproben $n \cdot 10^{-4}$	[7]
	Mondprobe $246\ mm^3\ He^4/g$		[6]		
	brekziöse und kristalline Gesteine der Mondoberfläche $0{,}11-0{,}47\ cm^3\ He^4/g$ $10^{-7}\ cm^3\ He^3/10-100\ mg$		[7	He^4/He^3 Regolith ⌀ 2650 ± 100	[10]
				Regolith in den meisten Kristallen 1800–2800 (Größenordnung des Solarwindes)	[11]
Atmosphäre	0,0005 Vol.-% He		[12]	He^3/He^4	
	0,000524 Vol.-% He		[13]	$\sim 1{,}2 \cdot 10^{-6}$ } nach [20] ungenau	[17]
	0,000460 Vol.-% He		[14]	$1{,}3 \cdot 10^{-6}$ } nach [20] ungenau	[18]
	0,00053 Vol.-% He		[15]	$1{,}4 \cdot 10^{-6}$ } nach [20] ungenau	[19]
	0,00052 Vol.-% He		[16]	$1{,}399 \pm 0{,}013 \cdot 10^{-6}$	[20]

[1] aus JAKUCENI (1968); [2] ZÄHRINGER (1962); [3] SMIRNOV u. a. (1970); [4] FANALE u. a. (1972); [5] AUER u. a. (1965); [6] HEYMANN u. a. (1970); [7] FUNKHOUSER u. a. (1970); [8] PEPIN u. a. (1965); [9] JEFFERY u. a. (1972); [10] VINOGRADOV u. a. (1972); [11] ANUFRIEV u. a. (1972); [12] DANX u. a. (1943); [13] NIER (1950) aus [1]; [14] UREY (1959); [15] FINKEL'ŠTEJN (1960); [16] aus SOKOLOV (1966); [17] ALDRICH u. a. (1948); [18] COON aus [20]; [19] ALIMOVA aus [20]; [20] MAMYRIN u. a. (1970)

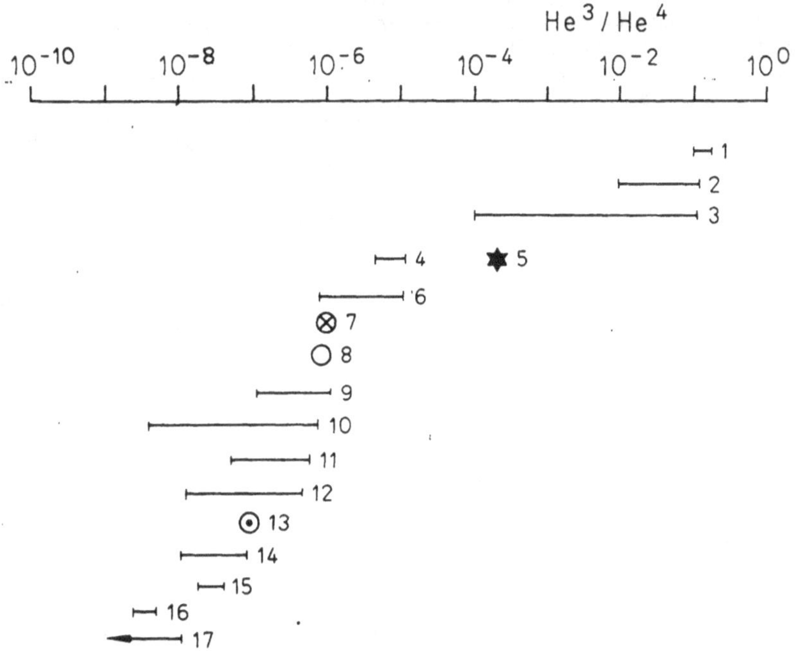

Abb. 9. He^3/He^4-Verhältnisse in Gasen verschiedener Herkunft (aus KAMENSKIJ 1972)

1 – Eisenmeteoriten; 2 – Eisen-Steinmeteoriten; 3 – Steinmeteoriten; 4 – eruptive Gase; 5 – Oberflächengestein des Mondes; 6 – Spodumen; 7 – atmosphärische Luft; 8 – Nephelinerze; 9 – Gase natürlicher Quellen; 10 – Erdgase von Gas- und Öllagerstätten; 11 – Beryll; 12 – in Tiefenwässern gelöste Gase; 13 – typischer Granit (nach MORISSON & PINE); 14 – Gase von Uranlagerstätten; 15 – Schlammvulkane; 16 – Kaligrube Soligorsk (UdSSR); 17 – radioaktive Minerale

Tab. 13. Verteilung der Edelgase [nach COOK (1961) aus JAKUCENI (1968)]

Elemente bzw. Isotope	Anzahl der Atome, die auf 10^4 Atome Si in der Erdkruste kommen (Ozeane + Atmosphäre eingeschlossen)	Anzahl der Atome, die auf 10^4 Atome Si im Kosmos kommen	Verhältnis Erdkruste/Kosmos
He	$2{,}16 \cdot 10^{-3}$	$3{,}08 \cdot 10^{7}$	$7{,}0 \cdot 10^{-11}$
Ne	$2{,}68 \cdot 10^{-4}$	$8{,}6 \cdot 10^{4}$	$3{,}1 \cdot 10^{-9}$
Ar^{40}	$9{,}42 \cdot 10^{-2}$	~ 0	–
Ar^{36+38}	$3{,}78 \cdot 10^{-4}$	$1{,}5 \cdot 10^{3}$	$2{,}52 \cdot 10^{-7}$
Kr	$2{,}45 \cdot 10^{-6}$	0,513	$4{,}8 \cdot 10^{-6}$
Xe	$2{,}39 \cdot 10^{-7}$	0,040	$6{,}0 \cdot 10^{-6}$
Si	$1{,}00 \cdot 10^{4}$	$1{,}00 \cdot 10^{4}$	1,00

4.1.2. Helium in der Atmosphäre

Die rezente He-Konzentration und die He-Isotopenzusammensetzung in der Atmosphäre (Tab. 2) sind Ausdruck dynamischer Gleichgewichtsbedingungen zwischen Eintritt in die Atmosphäre und Dissipation in den kosmischen Raum. Dabei ist die gegenwärtige Erdatmosphäre sicherlich sekundären Ursprungs.

Tab. 14. Gehalte und Isotopenzusammensetzung der Edelgase ($10^{-8} \cdot cm^3$) in Bodenproben des Mondes aus VINOGRADOV (1972)

Isotope	Meer der Fruchtbarkeit Probe G 7	„Apollo 11“		
		SCHAFFER & ZÄHRINGER	REYNOLDS	HINTENBERGER
He^4	18000000	11000000–19000000	29000000	9000000
He^4/He^3	2670	2540	2130	2770
Ne^{20}	340000	313000	530000	125000
Ne^{20}/Ne^{22}	12,80	12,4	12,85	12,6
Ne^{21}/Ne^{22}	0,00332	0,034	0,00332	0,0352
Ar^{40}	53000	38500	57000	56000
Ar^{40}/Ar^{36}	0,9	1,1	1,126	3,04
Ar^{36}/Ar^{38}	5,26	5,2	5,19	5,08
Kr^{84}	22	21	37	8,5
Xe^{132}	8,5	10	4,6	2,2

Allgemein anerkannt wird die Vorstellung von einer kontinuierlichen Krustenentgasung (MAYNE 1956; GORDON 1963; WASSERBURG 1964). Jedoch müßte nach RODGERS (1921) (aus KAUTER 1962) die Zufuhr aus der Erde einen höheren He-Gehalt in der Atmosphäre bewirken. Von VINOGRADOV (1936) (aus KAUTER 1962) wurde erstmals das He-Defizit in der Atmosphäre durch ständigen He-Verlust (Dissipation) in den Kosmos erklärt.

Das atmosphärische Helium ist im Vergleich zu den Gasen der Erdkruste relativ an He^3 angereichert (höheres He^3/He^4-Verhältnis, s. Abb. 8). Als Ursache kommen folgende Prozesse in Betracht:

1. Entgasung der Erde

- Gase der Erdkruste mit einem He^3/He^4-Verhältnis von 10^{-5} bis 10^{-10} (s. Abschn. 4.1.3.),
- eruptive Gase mit einem He^3/He^4-Verhältnis von $n \cdot 10^{-5}$ (s. Abschn. 4.1.5.)

2. Zustrom aus dem Kosmos

- Zerfall kosmischen H^3 (He^3),
- durch kosmische Strahlung hervorgerufene Kernreaktionen in der Atmosphäre (He^3 und He^4),
- Solarwind (He^3 und He^4) (BÜHLER u. a. 1969)

3. Verlust durch Dissipation

- nach NICOLET (1957) (aus JAKUCENI 1968) verläßt He^3 etwa 100mal schneller als He^4 die Atmosphäre.

Da nach den bisherigen Messungen das He^3/He^4-Verhältnis der Atmosphäre als eine Konstante angesehen wird und somit als Standard für Isotopenanalysen dient, erfolgte durch MAMYRIN u. a. (1970) eine Präzisionsbestimmung des Isotopenverhältnisses in atmosphärischer Luft mit $1{,}399 \pm 0{,}013 \cdot 10^{-6}$.

4.1.3. Helium in der Lithosphäre

Der He-Anteil ist in der Lithosphäre bedeutend geringer als im Kosmos. Diese Erscheinung wird durch einen He-Verlust während oder nach der Planetenbildung erklärt. Der Clarke-Wert wird nach verschiedenen Autoren zwischen 0,01 und 0,003 ppm (FERSMAN 1933; SAUKOV 1966; GOODMAN & EVANS 1944; RANKAMA u. a. 1950 aus JAKUCENI 1968) angegeben. Dabei können die He-Gehalte zwischen 10^{-6} und 20 Vol.-% schwanken.

Die möglichen Quellen für He^3 und He^4 in der Lithosphäre sind nach JAKUCENI 1968:

für He^4 – α-Zerfall (s. Tab. 3)
– verschiedene Kernreaktionen (s. Tab. 3)
– Zufuhr aus dem Kosmos mit interplanetarem Staub, Meteoriten und anderen kosmischen Körpern
– primordiales He^4

für He^3 – Zerfall von H^3 (s. Tab. 6)
– Zufuhr aus dem Kosmos
– primordiales He^3.

4.1.3.1. Helium in Mineralen und magmatischen Gesteinen

Sehr hohe He-Konzentrationen werden in Mineralen mit hohen U- und Th-Gehalten gemessen. Im Gegensatz zu äußerst niedrigen He^3/He^4-Quotienten ($\leqq 6 \cdot 10^{-10}$) (MAMYRIN u. a. 1969b) in diesen Mineralen werden für lithiumhaltige Minerale die höchsten Isotopenverhältnisse (in der Größenordnung von $120 \cdot 10^{-7}$) angegeben (ALDRICH & NIER 1948).

Das von MORRISON & PINE (1955) für einen mittleren Granit berechnete Verhältnis lag bei den experimentellen Werten von ALDRICH & NIER (1948). Diese Übereinstimmung sprach für eine ausschließlich kernphysikalische Deutung der He-Genese und ließ die Mitwirkung primordialen Heliums fragwürdig erscheinen. Bei den Untersuchungen von GERLING u. a. (1971) an sauren Gesteinen entsprechen die experimentell bestimmten Ergebnisse gleichfalls den theoretisch errechneten.

Durch PRASOLOV u. a. (1970a) wurden jedoch hohe He-Isotopenverhältnisse von $(9{,}5-70) \cdot 10^{-7}$ für Gase aus Mikroeinschlüssen in Wabenquarzen (Wolhynien, Ukrainische SSR) bekannt. Zuvor waren bereits an verschiedenen anderen Mineralen die Gase der Mikroeinschlüsse untersucht worden, jedoch wurde die Interpretation der Ergebnisse erschwert, da die Gehalte der radioaktiven Elemente etwa den Clarkes entsprachen. Deshalb hatten sich PRASOLOV u. a. (1970a) Quarzen zugewandt, für die sehr niedrige U-, Th- und K-Gehalte charakteristisch sind:

Helium mit einem so hohen He^3/He^4-Verhältnis (siehe oben) läßt sich schwerlich auf kernphysikalische Reaktionen in gewöhnlichen Gesteinen zurückführen, so daß die Annahme okkludierten primordialen Heliums während der Entstehungsperiode der Erde möglicherweise doch gerechtfertigt erscheint (CHLOPIN & GERLING 1948; GERLING u. a. 1956; PEPIN & SIGNER 1965). Dafür sprechen ebenfalls die Untersuchungen der He-Isotopenzusammensetzungen der in ultrabasischen Gesteinen (GERLING u. a. 1971; GERLING u. a. 1972) und der in Xenolithen ultrabasischer Gesteine (TOLSTICHIN u. a. 1971) eingeschlossenen Gase (s. Tab. 15).

In den ultrabasischen Gesteinen sind die He^4-Konzentrationen um das Dreifache und die He^3-Konzentrationen etwa um das 50fache höher als die errechneten, woraus ein hohes Isotopenverhältnis resultiert.

Die Existenz primordialen Heliums schlußfolgern des weiteren DEWIRC u. a. (1971) und MAMYRIN u. a. (1969a, b) auf der Grundlage der Isotopenanalyse vulkanischer Gase sowie CLARKE u. a. (1969) durch Untersuchungen an ozeanischen Wässern.

Zur Klärung der hohen He^3/He^4-Verhältnisse in den Mineralen und Gesteinen werden in der Literatur neben der möglichen Anwesenheit primordialen Heliums noch verschiedene andere Hypothesen diskutiert, von denen einige aufgeführt seien:

1. Vom Quarz bzw. vom ultrabasischen Gestein wurde Helium mit hohem Isotopenverhältnis okkludiert (PRASOLOV u. a. 1970a, b; GERLING u. a. 1971), das – sofern es sich nicht um primordiales Helium handelt – möglicherweise in Tiefensphären der Erde bei bisher unbekannten Kernreaktionen entsteht (PRASOLOV u. a. 1970a, b).

Tab. 15. Helium in der Lithosphäre

	He-Gehalte	Autor	He^3/He^4	Autor
Minerale	Thorianit: 10,5 cm He^4/g	[1]	Uraninit: $5 \cdot 10^{-10}$	[6]
	Feldspatphenokristalle von Alkalibasalten:	[2]	Uraninit: $6 \cdot 10^{-10}$	[7]
	$560 \cdot 10^{-8}$ g He^4/t		Li-haltige Minerale: $120 \cdot 10^{-7}$	[8]
			Mikroeinschlüsse im Quarz: $10 \cdot 10^{-7}$	[9]
Magmatite	Ultrabasische Gesteine: $40 \cdot 10^{-6}$ cm³ He^4/g	[3]	theoretisch für mittleren Granit: $(1 \pm 0{,}5) \cdot 10^{-7}$	[10]
	Saure Gesteine: $(30-80) \cdot 10^{-6}$ cm³ He^4/g	[3]	Granite: theorethisch $0{,}016 \cdot 10^{-6}$	[3]
	Ultrabasit „Monče Tundra“:	[4]	gemessen $(0{,}015-0{,}035) \cdot 10^{-6}$	[3]
	$17{,}7 \cdot 73{,}0 \cdot 10^{-6}$ cm³ He^4/g		Ultrabasite: theoretisch $1{,}05 \cdot 10^{-8}$	[3]
	ultrabasische Xenolithe:	[5]	gemessen $(0{,}32-0{,}44) \cdot 10^{-6}$	[3]
	$(0{,}25-0{,}5) \cdot 10^{-6}$ cm³ He^4/g		Ultrabasit: $(0{,}2-0{,}3) \cdot 10^{-6}$	[11]
	$(0{,}8-2{,}3) \cdot 10^{-12}$ cm³/g		ultrabasischer Xenolit: $(3{,}6 \pm 0{,}3) \cdot 10^{-6}$	[5]
			maximal $4{,}6 \cdot 10^{-6}$	
Sedimentäre Ablagerungen	Steinsalz: $10^{-8}-10^{-6}$ cm³ He/g	[12]	Erdgase: $(0{,}5-5{,}0) \cdot 10^{-7}$	[8]
	Sylvin: $10^{-6}-10^{-5}$ cm³ He/g	[12]	durchschnittlich: $10^{-7}-10^{-8}$	[13]
	durchschnittlich: $10^{-2}-10^{-1}$ Vol.-% He^4	[13]	Min.: $(0{,}4-0{,}6) \cdot 10^{-8}$ (Gase aus Salzlagerstätten)	[13]
	$2 \cdot 10^{-11}$ bis $3{,}8 \cdot 10^{-7}$ Vol.-% He^3	[13]	Max.: $(152-186) \cdot 10^{-5}$	[13]
	meist $(0{,}01-1{,}0) \cdot 10^{-8}$ Vol.-% He^3	[13]	Schlammvulkane: $(3{,}0-6{,}8) \cdot 10^{-8}$	[13]
	känozoische Gase: ∅ $10^{-3}-10^{-2}$ Vol.-% He	[14]	Gaskondensatlagerstätten: $6 \cdot 10^{-8}-9 \cdot 10^{-8}$	[15]
	paläozoische Gase: $10^{-2}-10^{-1}$ Vol.-% He	[14]	ruhig lagerndes Paläozoikum (SU): $(0{,}5-3{,}6) \cdot 10^{-8}$	[13]
	paläozoische Gase vereinzelt: 5 Vol.-% He	[14]	∅ $1{,}43 \cdot 10^{-8}$	
	und mehr		ruhig lagerndes Mesozoikum (SU): $(4{,}9-23) \cdot 10^{-8}$	[13]
			∅ $1{,}29 \cdot 10^{-8}$	
			ruhig lagerndes Känozoikum: $20 \cdot 10^{-8}$	[13]
			gestörtes Paläozoikum (SU): $(3{,}4-13{,}0) \cdot 10^{-8}$	[13]

[1] MASON (1958) aus JAKUCENI (1968); [2] FISHER (1972); [3] GERLING u. a. (1971); [4] GERLING u. a. (1967); [5] TOLSTICHIN u. a. (1971); [6] MESČERJAKOV u. a. (1946) aus [13]; [7] MAMYRIN u. a. (1969b); [8] ALDRICH & NIER (1948); [9] PRASOLOV u. a. (1970); [10] MORRISON & PINE (1955); [11] GERLING u. a. (1972); [12] HAHN (1939); [13] KAMENSKIJ u. a. (1971); [14] SOKOLOV (1971); [15] NESMELOVA u. a. (1972)

2. Es wurde Helium mit niedrigem Isotopenverhältnis eingeschlossen, und He^3 bildet sich bei Kernreaktionen unmittelbar im Mineral (PRASOLOV u. a. 1970a, b). Berechnungen ergaben, daß bei einem Li-Gehalt von $0{,}26 \cdot 10^{-4}$ g/g und einem Neutronenstrom von 10 n/cm² pro Tag die Reaktion $Li^6(n, \alpha)T \xrightarrow{\beta^-} He^3$ die erforderliche He^3-Menge liefern kann (PRASOLOV u. a. 1970a, b).

Die neuesten experimentellen Daten (PRASOLOV u. a. 1972) widersprechen gleichfalls nicht der aufgestellten Hypothese über die He^3-Bildung im Quarz der Pegmatite Wolhyniens durch Bestrahlung des Minerals mittels eines Neutronenstroms aus den Nebengesteinen.

GERLING u. a. (1970) nahmen Kernreaktionen, die zu einer intensiveren He^3-Bildung als die $Li^6(n, \alpha)$-Reaktion führen, oder einen zusätzlichen Neutronenstrom (durch Zerfall von Transuranen), der nicht bei (α, n)-Reaktionen entsteht, an. Jedoch sind einerseits im Erdinneren keine solchen Kernreaktionen nachgewiesen worden (s. Tab. 6) und andererseits ergaben experimentelle Untersuchungen, daß sich beim Zerfall von Transuranen nur 1% He^4 und < 1% He^3 bilden.

3. Das He^3/He^4-Verhältnis ist auf Isotopenfraktionierung während des Okkludationsprozesses zurückzuführen (PRASOLOV u. a. 1970a, b; GERLING u. a. 1971). Nach KALBITZER u. a. (1969) sowie JONES (1969 aus GERLING u. a. 1970) gilt:

$$D_{He^3} > D_{He^4}$$

Es sind allerdings nur Verschiebungen des Isotopenverhältnisses bis zu einigen wenigen Prozenten beobachtet worden, die zur Erklärung der hohen He^3/He^4-Verhältnisse nicht ausreichen.

4. Helium mit hohem Isotopenverhältnis ist in Mineralen gelöst (GERLING u. a. 1970). Nach GERLING (1940 aus GERLING u. a. 1970) kann Helium schon bei Partialdrücken von $\sim 0{,}01$ at in Silikatschmelzen gelöst werden, was in natürlichen Gasen bereits bei einem mittleren Partialdruck von 0,1 at (JAKUCENI 1968) eintreten kann.

In verschiedenen Mineralen und Gesteinen konnte weiterhin überschüssiges He^4, d. h. He^4, das nicht durch α-Zerfall erklärbar ist, festgestellt werden, wie z. B. in ultrabasischen Gesteinen (GERLING u. a. 1972) oder in Feldspatphenokristallen von Alkalibasalten (FISHER 1972). In letzterem Fall wird angenommen, daß das Magma edelgasangereichert war (auch Ar^{40}-Überschuß) und daß die Gase nach dem Erguß in der Lava verblieben.

In Gasen sulfidischer Erze wurde überschüssiges Helium erstmals von ŽIROV u. a. (1972) angetroffen (s. Abschn. 4.2.3.1.)

4.1.3.2. Helium in sedimentären Ablagerungen

In den freien und gelösten Gasen (in Schichtwasser oder Erdöl) der sedimentären Ablagerungen schwanken die He^3-Gehalte zwischen $2 \cdot 10^{-11}$ und $3{,}8 \cdot 10^{-7}$ Vol.-%, wobei die Konzentrationen meist bei $(0{,}01-1{,}0) \cdot 10^{-8}$ Vol.-% liegen. Die He^4-Gehalte betragen durchschnittlich 10^{-2} bis 10^{-1} Vol.-%. Der bisher kleinste He^3-Partialdruck in natürlichen Gaslagern konnte mit $7 \cdot 10^{-11}$ at und der bisher größte mit $7{,}2 \cdot 10^{-7}$ at bestimmt werden. (He^3-Partialdruck der Atmosphäre = $7{,}3 \cdot 10^{-12}$ at.) Der He^4-Partialdruck schwankt für die meisten Gaslager zwischen 0,02 und 0,50 at (KAMENSKIJ u. a. 1971) (Tab. 15). Infolge der geringen Partialdrücke kann Helium keine eigenständigen Gasakkumulationen bilden, sondern tritt stets im Gemisch mit anderen Gasen auf. Auf Grund der unterschiedlichen Löslichkeit des Heliums in den einzelnen unterirdischen Medien (s. Abschn. 3.2.) sind die He-Konzentrationen der in Erdölen und Schichtwässern gelösten Gase im allgemeinen bedeutend geringer als in freien Gaslagern (Abb. 10).

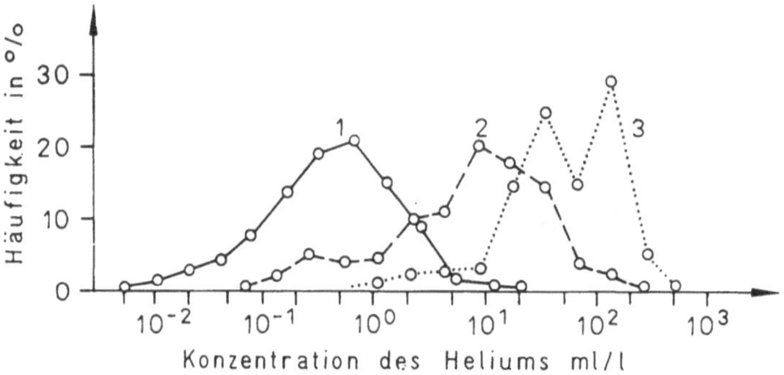

Abb. 10. Verteilung des Heliums in Porenräumen, die gefüllt sind mit Wasser (1) Erdöl (2) und Gas (3) (aus Jakuceni 1968)

Zur Klärung der He-Genese in Sedimentiten können die Verteilungsbesonderheiten herangezogen werden, die bereits wiederholt untersucht worden sind (Zartmann u .a. 1961; Jakuceni 1968; Nikonov 1970; Tichomirov u. a. 1971; Nesmelova u. a. 1972). So wurden zur Erklärung der He-Führung die möglichen Beziehungen zur Radioaktivität (Uran und Thorium), zum Alter, zur lithologischen Ausbildung, Lagerungsteufe und Mächtigkeit der Sedimente, ferner zur Entfernung der Gasakkumulationen vom kristallinen Fundament unter Berücksichtigung der hydrologischen und tektonischen Bedingungen analysiert (s. Tab. 16).

Rodgers (1921) nahm beispielsweise an, daß die He-führenden Gebiete von der geologischen Struktur und vom Alter der sedimentären Ablagerungen bestimmt werden. Savčenko (1935) schlußfolgerte ebenfalls einen Zusammenhang zwischen der He-Führung der Schichtwässer und freien Gase und dem Alter der Sedimentgesteine, wobei er die He-Bildung auf radioaktiven Zerfall in diesen Gesteinen zurückführt (aus Tichomirov u. a. 1971).

Die Vermutung, daß tiefe Zonen der Erdkruste (Fundament) (Chlopin 1934) eine Hauptquelle des Heliums darstellen, wurde jahrzehntelang abgelehnt, obwohl die Gehalte an radioaktiven Elementen im Fundament bedeutend höher sind als in Sedimentgesteinen. Chlopin (1934) hatte gezeigt, daß bei hoher Temperatur und unter Einfluß von Wasserstoff die Minerale einen Teil des Heliums abscheiden, trotzdem vertraten viele Autoren die Ansicht, daß eine He-Freisetzung aus Mineralen und Gesteinen, besonders aus tiefen Teilen der Erdkruste, nicht möglich ist. Da aber in einigen He-führenden Gaslagerstätten keine Radioaktivität nachzuweisen war, entwickelten sie auf Grund der Korrelation von Helium und Stickstoff die Hypothese der sekundären He-Anreicherung (z. B. durch Oxydation von Kohlenwasserstoffen).

Die umfangreichen Daten von Zartmann u. a. (1961) und Tichomirov u. a. (1967) über die He-Verteilung in Gaslagern konnten durch eine lognormale Verteilung beschrieben werden. Damit wurde eine statistische Bearbeitung (Jakuceni 1968; Jakuceni u. a. 1969; Tichomirov u. a. 1971) ermöglicht.

Jakuceni (1968) und Jakuceni u. a. (1969) nahmen ebenfalls als Hauptquelle der He-Anreicherungen den Zustrom aus den Sedimenten und Schichtwässern an, während der unmittelbare Einfluß des Fundaments auf die He-Führung der freien Gase und Schichtwässer nur begrenzt sein sollte. Diese Schlußfolgerungen sind hauptsächlich von den He-Partialdrücken abgeleitet worden (s. Tab. 16).

Die He-Konzentrationen verhalten sich mitunter anders. In einigen Plattformgebieten konnte beispielsweise kein Zusammenhang zwischen dem He-Gehalt in freien Gasen und dem Alter der Speichergesteine festgestellt werden (Jakuceni u. a. 1969; Tab. 16).

Tab. 16. He-Führung als Funktion von Radioaktivität, Alter, Teufe der Sedimente und ähnlichem (Übersicht über die Untersuchungsergebnisse verschiedener Autoren)

	Quelle	Untersuchungsergebnis
U- und Th-Gehalte und die damit verbundene Radioaktivität und Alter der Speichergesteine	GRIP & ÖDMAN (1944 aus SOKOLOV 1971)	in U-haltigen Graphitschiefern in Schweden 2,3–4,3% He
	JAKUCENI (1968)	erhöhte He-Führung der unterirdischen Medien in Zonen erhöhter Radioaktivität
	SOKOLOV (1971)	im U-führenden Witwatersrandkonglomerat Gasaustritte mit 2–3% He
	SOKOLOV (1966)	Lagerstätten mit hohem He-Gehalt an ältere und solche mit geringem an jüngere Gesteine gebunden
	JAKUCENI, VORONOV u. a. (1969)	in Gebieten einzelner Plattformen kein Zusammenhang des He-Gehalts in freien Gasen mit dem Alter der Speichergesteine
	NIKONOV (1970)	erhöhte He-Gehalte für alte Tafelgebiete charakteristisch
	SOKOLOV (1971)	in känozoischen Gasen durchschnittlich 10^{-3} bis 10^{-2} Vol.-% He, in paläozoischen 10^{-2} bis 10^{-1} Vol.-%
Teufe und Mächtigkeit der Sedimentschicht (Teufe nur in bezug auf einen bestimmten strukturgeologischen Abschnitt oder verschiedene Abschnitte gleichaltriger Ablagerungen) und Entfernung vom Fundament	JAKUCENI (1968)	Ansteigen der He-Partialdrücke und der He-Gehalte mit der Teufe sowohl in Schichtwässern als auch in Gaslagern regional und lokal; ebenfalls Ansteigen mit Annäherung zur Oberfläche des Fundaments – deutlich für Schichtwässer und weniger klar für Gaslager
	NIKONOV (1970)	erhöhte He-Gehalte in dem kristallinen Fundament nahegelegenen Sedimenten
	TICHOMIROV u. a. (1971)	unmittelbarer Zusammenhang der He-Führung der Gase mit der Entfernung vom Fundament; Zusammenhang mit Nebengesteinen wird bezweifelt
hydrogeologische Bedingungen (sowohl paläohydrologische als auch rezente)	JAKUCENI (1968)	in der Zone aktiven Wasseraustauschs niedrige He-Gehalte und Partialdrücke infolge ständiger Entlösungsvorgänge; in Zonen ohne Wasseraustausch – gute He-Erhaltungsbedingungen
Tektonik	JAKUCENI (1968)	He-Führung in intramontanen Senken etwas höher als in gleichartigen Ablagerungen auf den Plattformen; He-Anomalien gewöhnlich Zonen aktiver tektonischer Störungen

Wenn man das Verhalten des Partialdrucks in den Gaslagern betrachtet, so besteht eine Korrelation der He-Führung der Gase mit dem Alter und der Lagerungsteufe der Speichergesteine. Dagegen korrelieren die He-Konzentrationen in den gleichen Gasen mit dem Alter und der Lagerungsteufe des darunter liegenden Fundaments (TICHOMIROV u. a. 1971). Untersuchungen der letzten Jahre bestätigen, daß die He-Konzentrationen in freien und gelösten Gasen mit zunehmender Entfernung vom Fundament abnehmen (PICARD 1962; VORONOV 1967 und andere). Diese Ergebnisse entsprechen dem mathematischen He-Migrationsmodell durch sedimentäre Gesteine (NEWTON & ROUND 1961) und der Schlußfolgerung von HITCHON (aus NIKONOV 1970), daß das Fundament die Hauptquelle des Heliums im Deckgebirge ist.

Somit gewann die in den dreißiger Jahren verworfene Ansicht von CHLOPIN (1934), die besagt, daß sich Helium bei hohen Temperaturen im Fundament zum Teil abscheidet und über Störungszonen migriert (s. Abschn. 6.), in jüngster Zeit wieder Beachtung. Zur Anerkennung der Migration von Helium aus großen Teufen oder aus magmatischen Herden führte besonders die Tatsache, daß die He-führenden Gaslager sich nicht durch den Zerfall radioaktiver Elemente innerhalb der Sedimente erklären ließen.

Ferner wurde wiederholt auf Zusammenhänge zwischen Helium und Stickstoff (FLORENSKIJ 1956; KAUTER 1962; PICARD 1962; ŠUKOLJUKOV u. a. 1965; JAKUCENI 1968; VIŠNAJAKOVA u. a. 1969; NIKONOV 1970; SOKOLOV 1971) sowie zwischen Helium und Argon (ZARTMAN u. a. 1961; JAKUCENI 1963; PICARD 1962; GERLING u. a. 1967) hingewiesen. Es wird allgemein angenommen, daß erhöhte He-Konzentrationen nur in trockenen N_2- und N_2-CH_4-Gasen auftreten. Eine quantitative Untersuchung der He-Verteilung in Stickstoffgasen erfolgte jedoch noch nicht. Die offensichtlichen Korrelationsbeziehungen zwischen Stickstoff und Helium werden durch sekundäre Anreicherung erklärt.

NIKONOV (1970) schlußfolgerte außerdem, daß N_2-Gase die höchsten He-Konzentrationen (5–6%) aufweisen. In Tab. 17 werden die Klassifikationskriterien der He-Lagerstätten angegeben.

Obwohl seit den zwanziger Jahren bekannt ist, daß He-Akkumulationen in erdöl- und erdgasführenden Provinzen auftreten, wurde erst in jüngster Zeit mit der Untersuchung der Verteilungsbesonderheiten He-führender Lagerstätten innerhalb dieser Gebiete begonnen (JAKUCENI 1963 und 1968; NIKONOV 1970). Nach JAKUCENI (1963) besteht zwischen den He- und den Sekundärkohlenwasserstoffgehalten eine reziproke Abhängigkeit.

Zum gleichen Ergebnis kommt NIKONOV (1970) bei Gasen reiner Gaslagerstätten. In Gaslagerstätten, die mit Erdöl in Verbindung stehen (Öl-Gas-Lagerstätten), sind die He-Konzentrationen $> 0{,}3\%$ He (industrielle Konzentrationen) jedoch häufiger als in reinen Gas- oder Erdöllagerstätten. In diesen Lagerstätten steigt die Häufigkeit der erhöhten He-Konzentration zunächst mit steigender Homologenreihe und fällt dann wieder ab.

Tab. 17. Klassifizierung der industriellen He-Lagerstätten nach JAKUCENI (1968)

Gruppe	Mill. m^3	Vorräte Bezeichnung	Rohstoffgüte	
			Gehalt in Vol.-%	Bezeichnung
I	100	sehr groß	1,00	sehr reich
II	50–99	groß	0,5–0,99	reich
III	25–49	mittel	0,1–0,49	durchschnittlich
IV	5–24	klein	0,05–0,09	arm
V	5	sehr klein	0,05	sehr arm

Die großen, reinen Erdgaslagerstätten (Karpatenvorland, Appalachen) und die ausschließlich erdölführenden Gebiete (Kalifornien, Venezuela) enthalten entweder gar kein Helium oder nur sehr niedrige Konzentrationen ($< 0{,}06\%$ He). He-Lagerstätten sind im Durchschnitt Gas-Öl-Lagerstätten. Auch die N_2-Gase mit auffallend hohen He-Gehalten ($1-8\%$) können mit diesen Lagerstättentypen in Verbindung stehen.

He-führende Gase treten vor allem in alten Tafelgebieten und paläozoischen Sedimenten auf (PEARCE u. a. 1964; JAKUCENI 1963), wobei jedoch die gasführenden Randsenken unabhängig vom Alter der darin gelagerten Sedimente keine erhöhten He-Konzentrationen aufweisen. Diese Erscheinung ist möglicherweise auf die intensiven und differenzierten tektonischen Bewegungen während des Geosynklinalstadiums, die die Entgasung förderten, zurückzuführen.

Zur Klärung der Genese der einzelnen Erdgaskomponenten und zur Entwicklung von Suchkriterien für He-führende Gase bedarf es noch allseitiger und detaillierterer Untersuchungen. Die Feststellung von Korrelationen zwischen Helium und Stickstoff sowie zwischen Helium und Kohlenwasserstoffen allein ist unbefriedigend und unzureichend. Bei der Frage nach der Herkunft interessiert in erster Linie, ob das Helium auf Diffusion aus Gesteinen mit durchschnittlichen Gehalten an radioaktiven Elementen oder auf Migration aus stark mit radioaktiven Mineralen angereicherten Gesteinen zurückzuführen ist. Ein Beitrag zur Klärung dieser Frage ist mit Hilfe von He-Isotopenanalysen möglich (vgl. GLEBOVSKAJA u. a. 1970). Sowohl in den freien wie in den gelösten Gasen (Schichtwässer, Erdöl) der sedimentären Ablagerungen konnte eine lineare Abhängigkeit zwischen den He^3- und He^4-Gehalten und den Partialdrücken nachgewiesen werden (KAMENSKIJ u. a. 1971), (s. Abb. 11). Diese Korrelation deutet auf kernphysikalische He^3-Entstehung hin (s. Abschn. 3.1.). Auffallend ist die Gruppierung der verschiedenen geologischen Typen in den einzelnen Korrelationsfeldern (s. Abb. 11 und 12).

Für Helium sedimentärer Abfolgen ist ein niedriges He^3/He^4-Verhältnis charakteristisch. Es schwankt zwischen $(0{,}5-186) \cdot 10^{-8}$, beträgt durchschnittlich $n \cdot 10^{-8}$ bis $n \cdot 10^{-7}$ und liegt meist bei $(0{,}01-1{,}0) \cdot 10^{-8}$ (Tab. 15). In großen geologischen Struktureinheiten ist eine Altersdifferenzierung der natürlichen Gase nach dem He-Isotopenverhältnis klar erkennbar (s. Abb. 12). Das He^3/He^4-Verhältnis nimmt mit steigendem Alter zu, jedoch treten in tektonisch gestörten Gebieten starke Veränderungen ein.

Diese Abweichungen können verschiedene Ursachen haben:

- Juveniles Helium migriert auf Tiefenbrüchen aus dem Mantel in die Sedimentfolgen.
- Unterschiedliche Zusammensetzung und Verteilung der He-bildenden Elemente in den sedimentären Ablagerungen.
- Migration des Heliums aus älteren in jüngere Schichten.

Wie bereits erwähnt, schlugen MORRISON & PINE (1955) eine Formel zur theoretischen Berechnung des He^3/He^4-Verhältnisses in Gesteinen verschiedenen Typs vor.

Nach TOLSTICHIN u. a. (1969) ist sie für die Berechnung des Verhältnisses in Erdgasen anwendbar:

$$(He^3/He^4)_{Gas} \simeq \varepsilon(\alpha, n)\, P_{th} \frac{N_{Li} \cdot \delta_{Li}}{\sum N_i \cdot \delta_i} \quad (3)$$

$\varepsilon(\alpha, n)$ – Anzahl der sich im Gestein bildenden Neutronen pro α-Teilchen
P_{th} – Wahrscheinlichkeit der Erzeugung von thermischen Neutronen
N – Konzentration, Anzahl der Atome des Elements in 1 g Gestein
δ – Wirkungsquerschnitt der Kernreaktionen mit thermischen Neutronen

Hohe Gehalte an radioaktiven Elementen bewirken eine Verringerung des Verhältnisses.

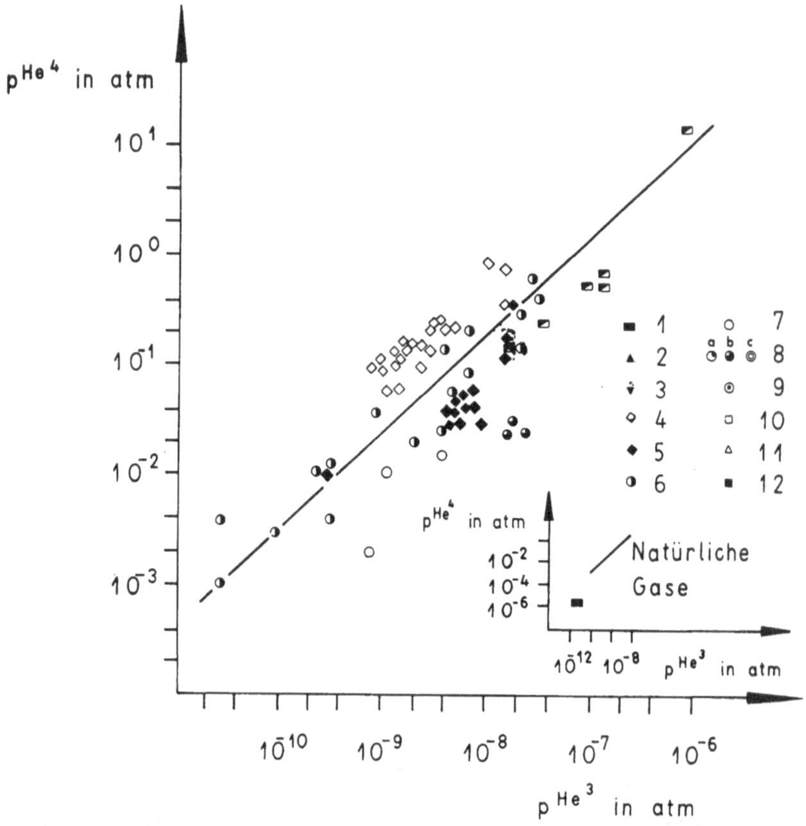

Abb. 11a, b. Korrelation zwischen den He^3- und He^4-Partialdrücken (11a) und zwischen den Gehalten der He-Isotope (11b) in verschiedenen Proben (aus KAMENSKIJ 1971)

1 – atmosphärische Luft; 2 – eruptive Gase; 3 – Schlammvulkane; 4 – Erdgase des Paläozoikums der UdSSR (Russische und Sibirische Tafel) und den USA; 5 – Erdgase des Mesozoikums der epivariszischen Tafeln der UdSSR; 6 – Erdgase der meso-känozoischen Zwischengebirge Mittelasiens; 7 – Erdgase des Känozoikums geosynklinaler Gebiete; 8 – Gase, die in Tiefenwässern des Paläozoikums a), des Mesozoikums der epiherzynen Tafeln b) und des Känozoikums der Čeleken c) gelöst sind; 9 – entlöste Gase der Quellen Transbaikaliens; 10 – Gase der Soligorsker Kaligrube; 11 – Gase der Uranlagerstätten; 12 – Gase der Nephelingrube Chibine

Dafür sind folgende Faktoren ausschlaggebend:

1. Die Neutronenmenge pro α-Teilchen ist in U-Mineralen kleiner als im Granit (GORŠKOV u. a. 1968).
2. Die Resonanzabsorption der Neutronen durch das Uran bewirkt eine geringe Wahrscheinlichkeit der Erzeugung von thermischen Neutronen (TOLSTICHIN u. a. 1969).
3. Der Wirkungsquerschnitt der Kernreaktionen mit thermischen Neutronen ist im Erz höher als im Granit.

So ist in Gasen, die aus U-reichen Gesteinen stammen, ein $He^3/He^4 \gtrsim 10^{-8}-10^{-9}$ im Gegensatz zu Gasen aus Graniten (10^{-7}) zu erwarten. Als experimentelle Bestätigung können die Untersuchungsergebnisse von CHLOPIN & GERLING (1948) dienen.

Zur Verringerung des He-Isotopenverhältnisses führen noch andere Faktoren [s. Formel (3)]:

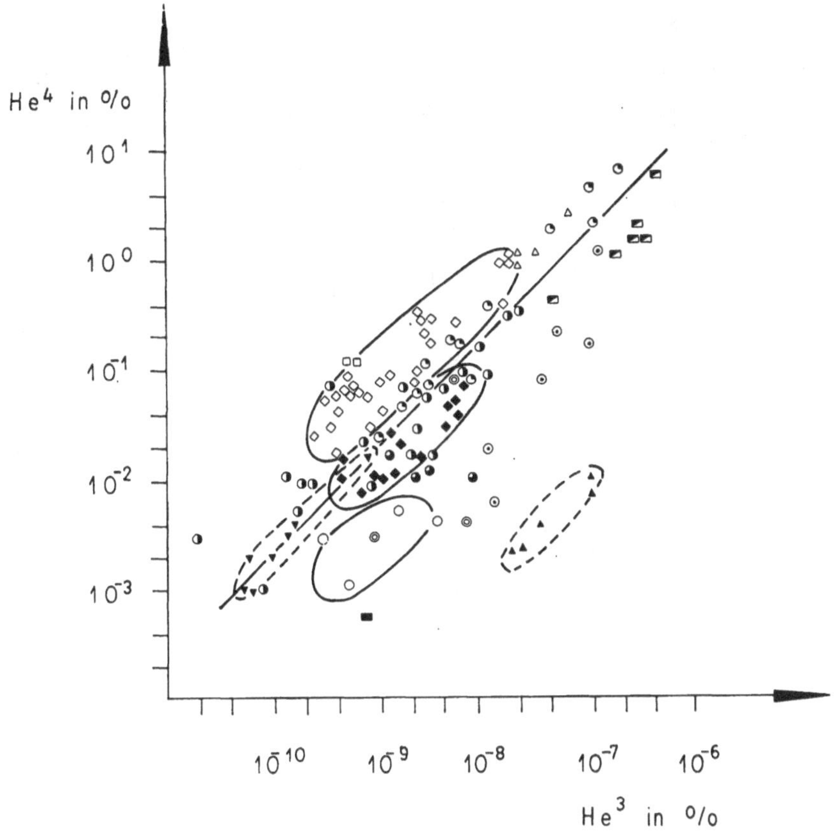

Abb. 11b.

- Verringerung des Li-Gehalts [He^3/He^4 von Gasen aus Kalilagerstätten $\sim (4 - 57) \cdot 10^{-9}$; da kein bzw. wenig Lithium in Sylvin, Carnallit und Halit im Unterschied zu gewöhnlichen Gesteinen] (SOLODOV u. a. 1968 aus TOLSTICHIN u. a. 1969; MAMYRIN u. a. 1969).
- Verringerung der Gehalte an leichten Elementen (Al, O, Si), an denen die (α, n)-Reaktionen ablaufen.

Bei der Klärung genetischer Fragen mit Hilfe der He-Isotopenanalyse ist aus den genannten Gründen zu beachten, daß eine eindeutige Aussage nicht möglich ist. Deshalb schlugen TOLSTICHIN u. a. (1969) vor, die He-Isotopenzusammensetzung und das He/Ar_{rad}-Verhältnis im Zusammenhang zu betrachten.

Das He/Ar_{rad}-Verhältnis charakterisiert das Medium, in dem die radiogenen Isotope gebildet werden (ZARTMAN u. a. 1961; ŠUKOLJUKOV u. a. 1965; GERLING u. a. 1967; TOLSTICHIN u. a. 1969). Es kann theoretisch folgendermaßen berechnet werden [s. Formel (1) und (2)]:

$$(He/Ar_{rad})_{Gas} \simeq \frac{m}{n} \cdot \frac{U}{K}\left(3{,}0 + 0{,}72\frac{Th}{U}\right) \quad (4)$$

U, Th, K — Konzentrationen

m, n — He- und Ar-Verlustkoeffizienten

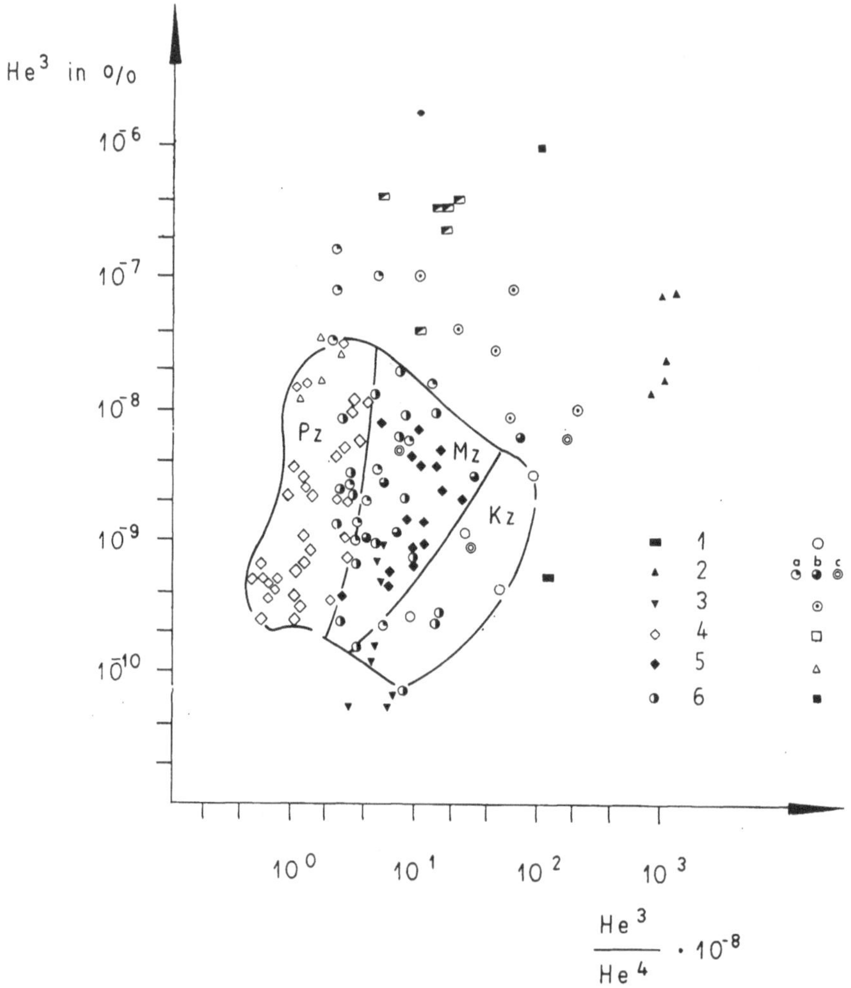

Abb. 12a, b. Korrelation zwischen den He^3- bzw. He^4-Gehalten und dem He^3/He^4-Verhältnis (Erläuterungen s. Abb. 11a, b)

Laut Statistik ist für Gase aus Gesteinen mit normalem Gehalt an radioaktiven Elementen und normalen m und n ein He/Ar_{rad}-Verhältnis von ~ 10 charakteristisch (ZARTMAN u. a. 1961; GERLING u. a. 1967). Darauf basiert die Klassifizierung in normale ($He/Ar_{rad} = 10 \pm 5$) und anomale Gase ($He/Ar_{rad} \neq 10 \pm 5$).

Anomale Verhältnisse können unter anderem erklärt werden durch:

- Vergrößerung der U- und Th-Gehalte (He/Ar_{rad} für Gase, die mit radioaktiven Mineralen im Zusammenhang stehen $\sim 30-100$) (GERLING u. a. 1971),
- Verringerung der K-Konzentration,
- großer Unterschied zwischen den Verlustkoeffizienten von Helium und Argon, d. h. $m \gg n$ [$He/Ar_{rad} = 270$ im KW-Gas des Chibiner Kristallmassivs (TOLSTICHIN u. a. 1966 aus TOLSTICHIN u. a. 1969) vermutlich infolge starker He- und kleiner Ar_{rad}-Verluste der Gesteine des Massivs].

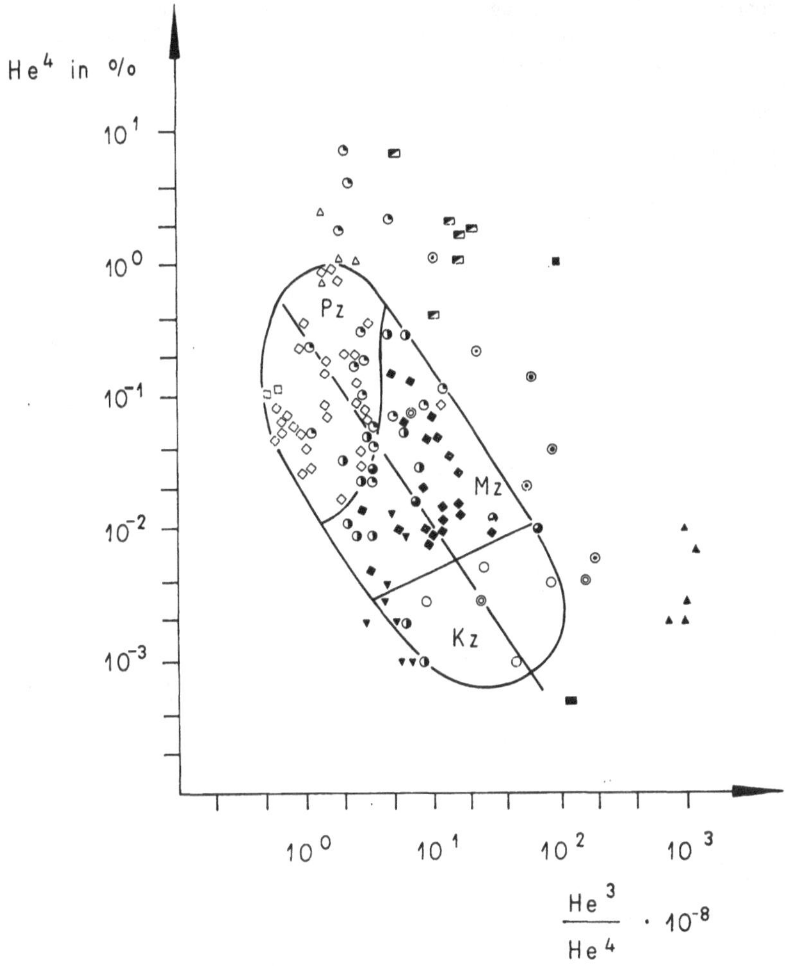

Abb. 12b.

Somit ermöglicht das He/Ar_{rad}-Verhältnis allein ebensowenig eine eindeutige Aussage wie die He-Isotopenzusammensetzung. Die Berücksichtigung beider Verhältnisse erscheint zweckmäßig.

Nach den bisher vorliegenden Analysen gilt beispielsweise für Gase, die sich in U- und Th-reichen Gesteinen bilden

$$He^3/He^4 \leqq 4 \cdot 10^{-8}$$

$$He/Ar_{rad} \geqq 20.$$

Zusammenfassend kann gesagt werden, daß in den Sedimenten mit radiogenem und eventuell mit primordialem Helium zu rechnen ist.

Nach dem heutigen Kenntnisstand verbleiben folgende Möglichkeiten der Herkunft:

- radiogene Bildung in sedimentären Abfolgen (He-syngenetisch),
- während der Sedimentation eingeschlossene Atmosphäre (He sedimentär),

— Zustrom aus der Teufe, bevorzugt über Bruchzonen (He epigenetisch).
Es ist jedoch nicht geklärt, ob sich in der Erdkruste genügend He bildet oder ob ein spürbarer Zustrom aus dem Mantel vorhanden ist.
Suess & Wänke (1965 aus Nikonov 1969) plädieren für einen gewissen Zustrom aus dem Mantel.

Jakuceni (1968) bilanziert folgendermaßen:

$$He = He_{syngen.} + He_{epigen.} + He_{sedim.} - He_{Verlust}$$

4.1.4. Helium in der Hydrosphäre

Nur in den oberen Bereichen der Hydrosphäre stellt sich im allgemeinen ein Lösungsgleichgewicht zwischen den gelösten Gasen der Hydrosphäre und den atmosphärischen Gasen ein. Die physiko-chemischen Einflußgrößen, die die Konzentration gelösten Gases bedingen, faßt Benson (1964) zusammen:

In Oberflächenwässern sind die Gehalte abhängig von

- der Salinität des Wassers,
- dem Zustand der Wasseroberfläche,
- dem atmosphärischen Druck und
- den Temperaturunterschieden zwischen Wasser und Luft.

In tieferen Regionen kommen hinzu:

- der Einfluß radiogener Gase (He^4, Ar^{40}), die entweder im Wasser gebildet oder nur mit dem Wasser transportiert werden,
- Mischungsprozesse von verschiedenartigen Wässern,
- Wärmeströmungen und
- der hydrostatische Druck.

Zu beachten ist ferner, daß ab Sättigungsdrücken > 50 at das Henry-Gesetz unwirksam wird (Karcev 1963).

Nach Vinogradov (1967 aus Sokolov 1968) sind in ozeanischen Wässern bei Gleichgewichtsbedingungen folgende Gasmengen gelöst:

N_2	— 13 cm³/l	Ne	— $1{,}8 \cdot 10^{-4}$ cm³/l
O_2	— 2—8 cm³/l	He	— $5{,}0 \cdot 10^{-5}$ cm³/l
Ar	— 0,32 cm³/l	Kr	— $6{,}0 \cdot 10^{-5}$ cm³/l
CO_2	— 50 cm³/l	Xe	— $7{,}0 \cdot 10^{-6}$ cm³/l

Weiterhin untersuchten Bieri u. a. (1964, 1966, 1968, 1971), Clarke u. a. (1969) und Craig u. a. (1967) die Edelgase in marinen Wässern. Dabei stellten Bieri u. a. (1966) fest, daß die Wässer des Südpazifik im Hinblick auf alle Edelgase übersättigt sind (Abb. 13), wobei Helium sich anders als die übrigen Edelgase verhält. Die maximale Abweichung von der normalen Sättigung wird bei Helium in den tiefsten Zonen und die minimalste 0—100 m unterhalb der Wasseroberfläche beobachtet.

Zu ähnlichen Ergebnissen kamen die anderen Autoren bei ihren Untersuchungen im Pazifischen, Antarktischen, Atlantischen und im südlichen Teil des Stillen Ozeans. Im Gegensatz zu den anderen Edelgasen läßt sich das Helium in den tiefsten Zonen nicht auf Löslichkeitseffekte zurückführen.

Allgemein anerkannt wird die Vorstellung, daß das überschüssige Helium auf einem Zustrom aus tiefen Teilen der Erdkruste und möglicherweise aus dem Mantel (infolge der geringen Mächtigkeit der Erdrinde unter den Ozeanen) beruht. Dafür sprechen außerdem die He-Isotopenverhältnisse in ozeanischen Wässern des Stillen Ozeans (Clarke u. a. 1969).

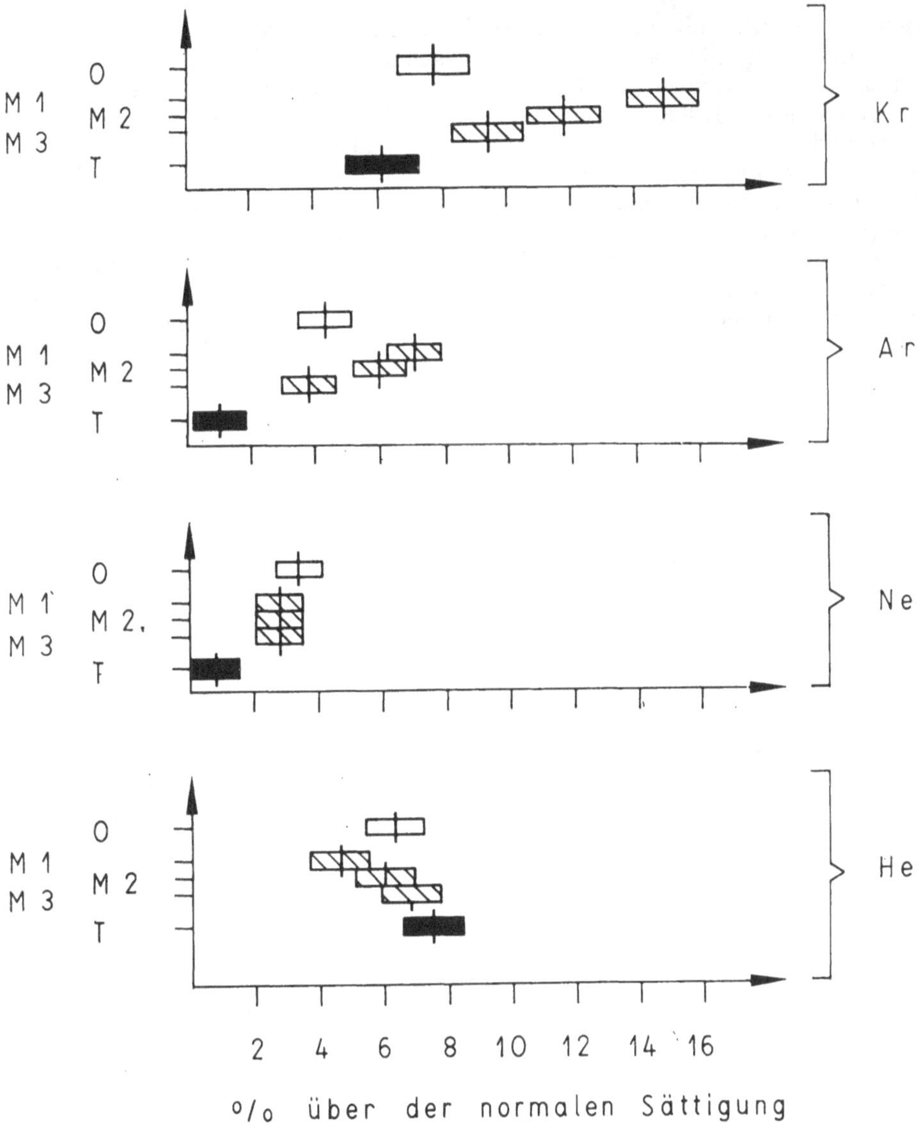

Abb. 13. Übersättigung der Edelgase in marinen Wässern aus BIERI (1966)
O – obere Schicht; M – mittlere Schicht; T – tiefe Schicht

Das He-Isotopenverhältnis He^3/He^4 in den Oberflächenproben kommt dem atmosphärischen gleich, die Proben aus großen Teufen weisen dagegen einen relativen He^3-Überschuß auf. Das Isotopenverhältnis ($\sim 1{,}5 \cdot 10^{-6}$) ist dort durchschnittlich um 10% höher als das der Atmosphäre (Tab. 18).

4.1.5. Helium in vulkanischen und postvulkanischen Gasen

Vulkanische Gase bieten Untersuchungsmöglichkeiten für juveniles Helium. Dabei muß allerdings beachtet werden, daß die Gaszusammensetzung während der Eruption eine Veränderung erfahren kann.

Abgesehen von lokalen Besonderheiten werden vulkanische Gase durch einen relativen Ar-Überschuß bei gleichzeitiger He-Armut gekennzeichnet. Während das He/Ar^{40}_{rad}-Verhältnis nach ČERDYNCEV (aus GEMP u. a. 1972) für syngenetische Gase der Erdkruste nie Werte < als 6,2 annimmt, weisen die Gase aus Gebieten rezenter hydrothermaler und vulkanischer Tätigkeit (Kurilen, Kamtschatka) beispielsweise durchschnittliche Werte zwischen 3,8 und 4,4 auf, ebenso Gase aus Gebieten alpiner Faltung und junger intramontaner Senken (2,7—4,7) (GEMP u. a. 1972). Diese Daten und die He-Isotopenverhältnisse vulkanischer Gase ließen vermuten, daß im Helium ein Anteil an „Tiefenhelium" enthalten ist. Die Werte für das He^3/He^4-Verhältnis liegen noch sechs- bis zehnmal höher als die in der Atmosphäre und sind etwa hundertmal größer als die in verschiedenen Gasen der Erdkruste (Abb. 14, Tab. 18) (MAMYRIN u. a. 1969).

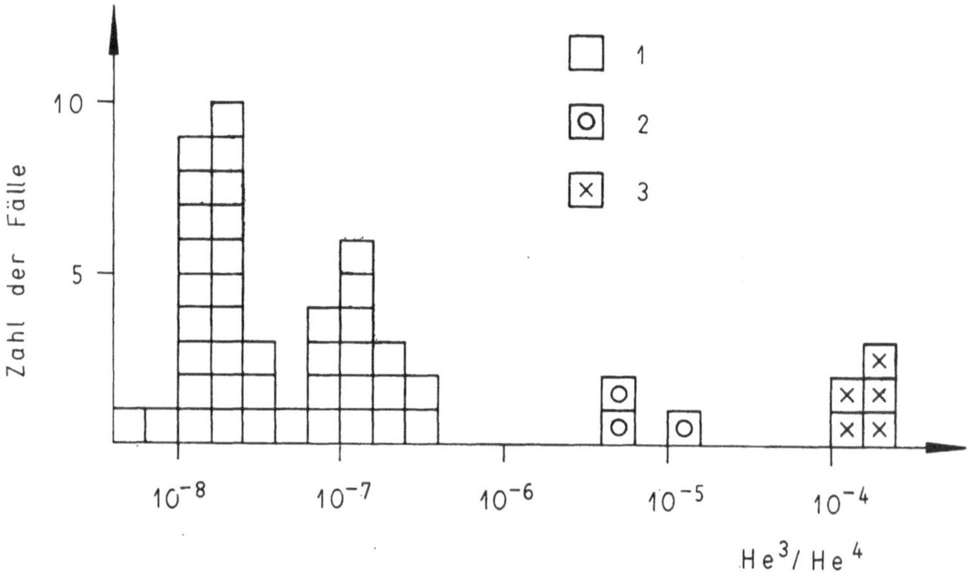

Abb. 14. Hystogramm des He^3/He^4-Verhältnisses aus MAMYRIN u. a. (1969a)
1 — Gase der Erdkruste; 2 — vulkanische Gase; 3 — Gase aus Meteoriten

GEMP u. a. (1972) versuchten eine Schätzung des prozentualen Anteils des „Tiefenheliums" in den Gasen nach der Formel

$$\% \, He_{Tiefe} = \frac{(He^3/He^4)_{Probe} - (He^3/He^4)_{rad}}{(He^3/He^4)_{Tiefe}} \cdot 100$$

unter den Voraussetzungen: $(He^3/He^4)_{rad} = 3 \cdot 10^{-8}$

$(He^3/He^4)_{Tiefe} = 10^{-5}$

Danach soll das Helium vulkanischer Gase meist 0,2—0,9%, vereinzelt 3—4% und mehr „Tiefenhelium" enthalten. In den postvulkanischen Exhalationen sind fast immer Edelgase (besonders Helium und Argon) vertreten. Beispielsweise geben MAZOR & WASSERBURG (1965) für Exhalationen thermaler Quellen des Yellowstone Nationalparks und des Lassen-Volcanic-Nationalparks folgende durchschnittliche Edelgasgehalte an:

Argon mit	820	ppm
Helium mit	12,9	ppm
Neon mit	1,0	ppm
Krypton mit	0,15	ppm
Xenon mit	0,033	ppm

Wiederholt wurde das Helium aus Hydrothermen und Fumarolen (Kurilen, Kamtschatka, Island) untersucht (Baskov u. a. 1970 und 1972; Zadorožnyj 1972; Mamyrin u. a. 1972). Die He^3/He^4-Verhältniswerte schwanken zwischen $1 \cdot 10^{-5}$ und $2{,}3 \cdot 10^{-6}$. Die stete He^3-Anreicherung im Vergleich zur Atmosphäre läßt ebenfalls auf eine Tiefenherkunft von He^3 schließen.

Tab. 18. Helium in der Hydrosphäre, in vulkanischen und postvulkanischen Gasen

	He-Gehalte	Autor	He^3/He^4	Autor
Hydrosphäre	Ozeane: $5{,}0 \cdot 10^{-5}$ cm^3 He/l	[1]	Pazifik: $1{,}5 \cdot 10^{-6}$	[2]
vulkanische und postvulkanische Gase	0,002–0,01 Vol.-% He	[3]	vulkanische Gase: $(6-12) \cdot 10^{-6}$	[3]
	Thermalquellen Islands: 0,043 Vol.-% He	[4]	vulkanische Gase: $10^{-5}-10^{-4}$	[5]
	Thermalquellen des Yellowstone und des Lassen Volcanic Nationalparks: 12,9 ppm He	[7]	Hydrothermen und Fumarolen: (kurilische Inseln, Kamtschatka) $(2{,}3 \cdot 10^{-6}) - (1{,}2 \cdot 10^{-5})$	[3], [6]

[1] Vinogradov (1967) aus Sokolov (1966); [2] Clarke u. a. (1969); [3] Mamyrin u. a. (1969a); [4] Mamyrin u. a. (1972); [5] Kamenskij u. a. (1971); [6] Zadorožnyj (1972); [7] Mazor u. a. (1965)

Zadorožnyj (1972) spricht zusätzlich von einer Teilnahme vadoser Wässer am hydrothermalen Prozeß.

Zur Klärung der anomal hohen He^3/He^4-Werte in vulkanischen und postvulkanischen Gasen werden von Mamyrin u. a. (1969) noch mehrere Hypothesen aufgestellt, mit denen sich jedoch schwerlich die He^3/He^4-Verhältnisse größer als 10^{-6} erklären lassen:

1. Die Isotopenfraktionierung während der Migration vadoser Wässer, in denen atmosphärisches Helium gelöst ist, bedingt eine He^3-Anreicherung. Experimentell konnten auf diese Weise Veränderungen des Isotopenverhältnisses von nur 5–10% erreicht werden.

2. Die vadosen Wässer sind mit technogenem Tritium angereichert. Während der Migration erfolgt der Zerfall $T \xrightarrow{\beta^-} He^3$. Dagegen liefern die niedrigen U- und Th-Konzentrationen in vulkanischen Gesteinen wenig He^4.

3. He^3 wird durch kernphysikalische Prozesse innerhalb der Vulkanherde oder im Mantel gebildet. Im Erdinnern sind allerdings nur wenige Reaktionen wahrscheinlich (s. Abschn. 3.1.).

4.1.6. Heliumkreislauf

Nach dem gegenwärtigen Kenntnisstand (s. Abschn. 4.1.1. bis 4.1.5.) kann der in Abb. 15 dargestellte Kreislauf des Heliums aufgestellt werden.

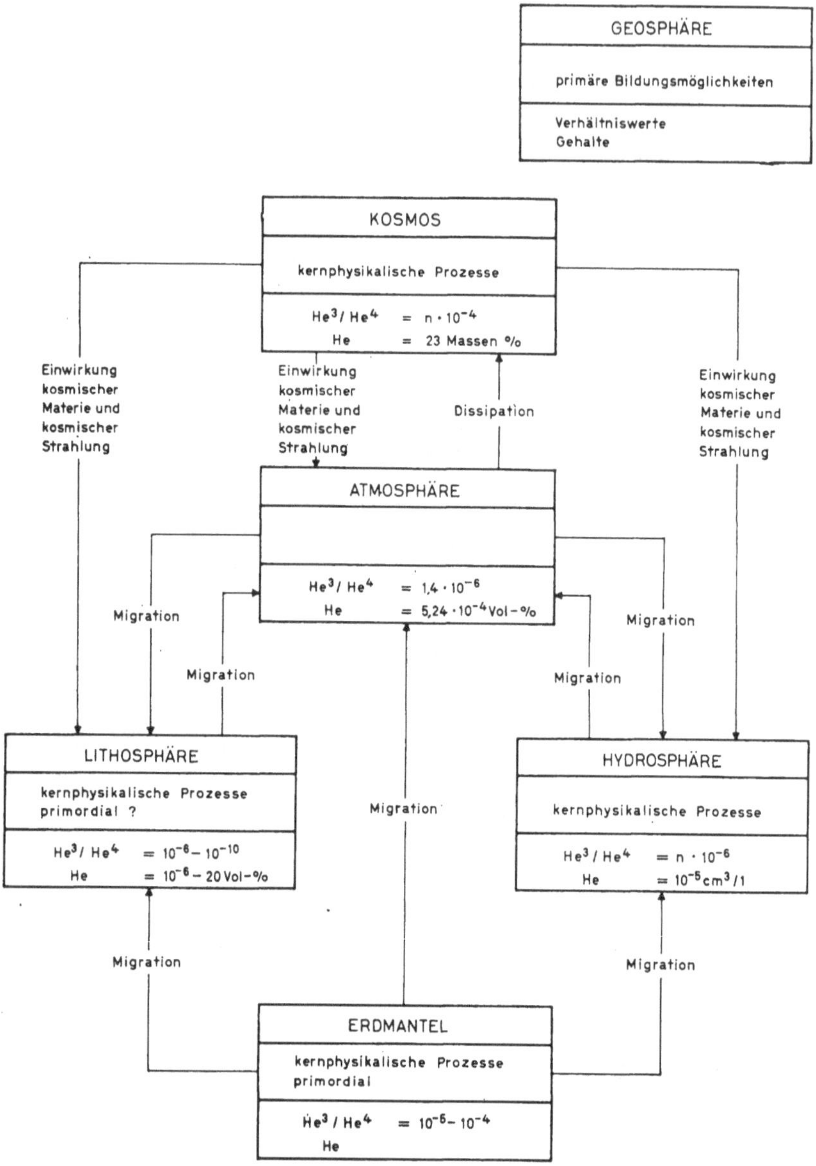

Abb. 15. He-Kreislauf nach den Angaben aus Abschn. 4.1.1. bis 4.1.5.

4.2. Argon im Kosmos und in den Geosphären

Argon wurde 1894 von RAMSAY und RAYLEIGH in der atmosphärischen Luft entdeckt.

4.2.1. Argon im Kosmos

Im Kosmos ist weit weniger Argon als Helium enthalten. Dennoch zeigt der Vergleich, daß neben Wasserstoff und Helium Argon zu den Elementen gehört, die im Kosmos stärker als in der Erdkruste angereichert sind (Tab. 13). Die relativ kleinen Dissipationsgeschwindigkeiten der schweren Gase dürften zu keinem so starken Ar-Verlust des Erdkörpers führen.

SKLOVESKIJ u. a. (aus SOKOLOV 1971) vermuten, daß die Dissipationsbedingungen andere waren, als die Atmosphäre nahezu ausschließlich aus Wasserstoff und Helium bestand. Nach FESENKOV (aus SOKOLOV 1971) konnte in diesem Falle Wasserstoff bei der Dissipation andere Gase mitreißen.

Andererseits besteht die Möglichkeit, daß das Ausgangsmaterial der Erde bereits ein Defizit z. B. an Argon, Neon, Krypton und Xenon aufweist.

Im Gegensatz zum irdischen Argon scheint das kosmische Argon mit Ar^{36} angereichert zu sein (s. Tab. 19). So konnten HEYMAN u. a. (1970) beispielsweise erhöhte Ar^{36}-Gehalte in Chondriten feststellen (niedrigeres Ar^{40}/Ar^{36}-Verhältnis im Vergleich zum irdischen von $\geqq 295{,}6$). Das Ar^{38}/Ar^{36}-Verhältnis in Chondriten schwankt nach KIRSTEN u. a. (1963) zwischen 0,18 und 1,59. LEVSKIJ (1972) unterscheidet nach dem Ar^{38}/Ar^{36}-Quotienten im meteoritischen Argon zwei Komponenten: Argon planetarer Herkunft mit 0,187—0,194 und Argon solarer Herkunft mit 0,165—0,1178. Für die leicht ausscheidbare Ar-Fraktion der Mondgesteine stellte er einen Wert von 0,173 fest.

4.2.2. Argon in der Atmosphäre

Argon ist mit 0,93 Vol.-% das häufigste Edelgas in der Atmosphäre (Tab. 19). Dieser im Vergleich zum Helium relativ hohe Ar-Gehalt ist darauf zurückzuführen, daß Argon als schweres Gas praktisch kaum aus der Atmosphäre in den kosmischen Raum dissipiert (SOKOLOV 1971). Die Isotopenverhältnisse sind konstant und drücken Gleichgewichtsbedingungen aus (Tab. 19). Der große Ar^{40}-Anteil im atmosphärischen Argon (s. Tab. 2) stammt von radiogenem Ar^{40}, das in der Erde durch radioaktiven K^{40}-Zerfall ständig entsteht und in die Atmosphäre entweicht (Entgasung der Erde $>$ Dissipation).

Angenommen wird, daß der relative Ar^{36}-Gehalt in der „Uratmosphäre" höher war als in der rezenten Atmosphäre und daß er sich infolge ständiger Ar^{40}-Bildung und Freisetzung in die Atmosphäre im Laufe der Zeit verringerte. Unter der Voraussetzung, daß die Entgasung der Erde konstant ablief, müßte das Ar^{36}/Ar^{40}-Verhältnis vor 1,5—2,0 Mrd. Jahren um 7—11% höher als das rezente gewesen sein (ČERDYNCEV u. a. 1965).

In Schungiten und in Kalksteinen Kareliens konnte ein Ar^{36}-Überschuß gefunden werden ($Ar^{36}/Ar^{40}/Ar^{36}/Ar^{40}_{Luft} > 1$), der als ein Rest der Uratmosphäre gedeutet wird. Dieser nachgewiesene Ar^{36}-Überschuß erreicht jedoch nicht den für die frühere Erdatmosphäre errechneten Wert von $\sim 10\%$.

4.2.3. Argon in der Lithosphäre

Das Argon in der Lithosphäre ist im Vergleich zum Argon der rezenten Atmosphäre mit Ar^{40} ($Ar^{40}/Ar^{36} \geqq 295{,}6$) angereichert, eine Erscheinung, die auf ständigen K^{40}-Zerfall in der Erdkruste zurückzuführen ist. Angegebene Clarke-Werte schwanken zwischen 0,04 ppm (RAYLEIGH 1939) und 4 ppm (FERSMAN 1933 aus RÖSLER u. a. 1965). Der prozentuale Anteil radiogenen Argons am Gesamtargon wird folgendermaßen bestimmt:

$$Ar^{40}_{rad}\,[\%] = \frac{\left(\frac{Ar^{40}}{Ar^{36}}\right)_{Probe} - 295{,}6}{\left(\frac{Ar^{40}}{Ar^{36}}\right)_{Probe} + 1{,}2} \qquad (5)$$

Tab. 19. Ar-Gehalte und Verhältniswerte im Kosmos und in der Atmosphäre

	Ar-Gehalte	Autor	Verhältniswerte	Autor
Kosmos	Bronzit-Chondrit	[1]	Chondrite:	
	ungetrennte Probe			
	$3{,}0 \cdot 10^{-8}$ cm³ Ar^{36}/g		$Ar^{40}/Ar^{36} = 1{,}056$	[5]
	$1{,}4 \cdot 10^{-8}$ cm³ Ar^{38}/g			
	$5{,}55 \cdot 10^{-8}$ cm³ Ar^{40}/g		$Ar^{38}/Ar^{36} = 0{,}18-1{,}59$	[6]
	Chondren			
	$2{,}7 \cdot 10^{-8}$ cm³ Ar^{36}/g		$Ar^{36}/Ar^{38} = 5{,}3-5{,}5$	[7]
	$2{,}2 \cdot 10^{-8}$ cm³ Ar^{38}/g			
	$7800 \cdot 10^{-8}$ cm³ Ar^{40}/g			
	Matrix			
	$4{,}0 \cdot 10^{-8}$ cm³ Ar^{36}/g			
	$1{,}9 \cdot 10^{-8}$ cm³ Ar^{38}/g			
	$5990 \cdot 10^{-8}$ cm³ Ar^{40}/g			
	Eisen			
	$1{,}3 \cdot 10^{-8}$ cm³ Ar^{36}/g			
	$1{,}1 \cdot 10^{-8}$ cm³ Ar^{38}/g			
	$1775 \cdot 10^{-8}$ cm³ Ar^{40}/g			
	Meteorit Kapoeta:	[2]		
	$1{,}14 \cdot 10^{-2}$ mm³ Ar^{40}/g			
	Meteorit Kunasak:			
	$7{,}3 \cdot 10^{-4}$ mm³ Ar^{40}/g			
	Steinmeteorite	[3]		
	$(0{,}1-147) \cdot 10^{-8}$ cm³ Ar^{36}/g			
	$(0{,}06-960) \cdot 10^{-8}$ cm³ Ar^{38}/g			
	$(82-6900) \cdot 10^{-8}$ cm³ Ar^{40}/g			
	Gesteinsproben der Mondoberfläche:	[4]		
	0,00034–0,01 cm³ Ar^{36}/g			
	Mondprobe:	[5]		
	$4{,}9-10^{-1}$ mm³ Ar^{40}/g			
Atmosphäre	0,9325 Vol.-% Ar	[8]	$Ar^{40}/Ar^{36} = 295{,}6$	[7]
	0,933 Vol.-%	[9]	$Ar^{36}/Ar^{38} = 5{,}4$	[7]
	0,934 Vol.-%	[10], [11]	$Ar^{38}/Ar^{36} = 0{,}1869$	[12]
			N_2/Ar – 83,7	[7]
			He/Ar – $5{,}56 \cdot 10^{-4}$	[7]
			Ne/Ar – $1{,}95 \cdot 10^{-3}$	[7]
			Kr/Ar – $1{,}22 \cdot 10^{-4}$	[7]
			Xe/Ar – $9{,}21 \cdot 10^{-6}$	[7]

[1] Auer u. a. (1965); [2] Zähringer (1962); [3] Zähringer (1968); [4] Funkhouser u. a. (1970); [5] Heyman u. a. (1970); [6] Kirsten u. a. (1963); [7] Mazor u. a. (1965); [8] Dans u. a. (1943); [9] Finkel'štejn (1961); [10] Nier (1950) aus Jakuceni (1968); [11] Sokolov (1966); [12] Benett u. a. (1970)

Der radiogene Ar-Gehalt des untersuchten Gases wird nach Nesmelova & Soldatova (1967) wie folgt festgelegt:

$$Ar^{40}_{rad}\,[ppm] = \left(1 - \frac{(Ar^{40}/Ar^{36})_{Luft}}{(Ar^{40}/Ar^{36})_{Probe}}\right) n \cdot 10^4 \qquad (6)$$

(n = Ar-Gehalt des Gases in Vol.-%).

4.2.3.1. Argon in einigen Mineralen und magmatischen Gesteinen

Die Verteilung der Ar-Isotope in Mineralen und Gesteinen ist speziell für die Geochronologie von Interesse. Bei den Altersbestimmungen mit der K-Ar-Methode ergeben sich grundsätzlich methodische Schwierigkeiten durch:

1. Ar-Verlust bei der Metamorphose („Verjüngung"),
2. überschüssiges Argon („Erhöhung" des Alters).

Eine Erhöhung des tatsächlichen Alters wurde seltener beobachtet als eine Verjüngung. Sie beschränkt sich auf Minerale mit geringen K-Mengen. Überschüssiges Ar^{40} (Ar^{40}, das nicht mit dem im Mineral vorhandenen Kalium im Zusammenhang steht) wurde wiederholt in verschiedenen Mineralen und Gesteinen beschrieben — unter anderem in Beryllen (GINZBURG u. a. 1971) Pyroxenen, Olivinen, Amphibolen (aus ŽIROV u. a. 1970), in Biotiten, Nephelinen und Chloriten (ŽIROV u. a. 1968a/1968b; GERLING u. a. 1967), Feldspatphenokristallen (FISHER 1972), aber auch in basaltischen Magmen (aus ŽIROV u. a. 1970; FISHER 1971; GERLING u. a. 1972) und gasflüssigen Einschlüssen (PRASOLOV u. a. 1969; PRASOLOV 1972; NAJDENOV 1972).

Ursachen und Bedingungen für diese Erscheinung sind noch weitgehend ungeklärt. So nehmen GERLING u. a. (1968) (aus ŽIROV u. a. 1970) an, daß Argon bei Partialdrücken < 1 at nicht in die Kristallstruktur eindringen könne (gemeint ist wahrscheinlich ein Eindringen nach der Mineralbildung (— Imprägnation) und daß es sich durch einen bisher unbekannten Kernprozeß bilden müßte. Experimentell gelang eine Ar-Imprägnation von Glimmern und Pyroxenen bei hohen Temperaturen (1000 °C) und Partialdrücken von 100—1000 at (GERLING u. a. 1965; KARPINSKAJA u. a. 1961 aus ŽIROV u. a. 1970). Die Versuchsbedingungen weichen allerdings stark von den in der Natur möglichen Verhältnissen ab. Günstiger sind die experimentellen Untersuchungen von ŽIROV & KRAVČENKO (1970), die auf künstlichem Wege ein hydrothermales Milieu herstellten (300—400 °C, $p_{H_2O} = 60$—700 at, Ar-Partialdruck 0,001—0,02 at, N_2-Partialdruck 1—2 at).

Dabei konnten folgende Ergebnisse gezeitigt werden:

1. Die Minerale (unter anderem Sodalith, Nephelin und Quarz) nahmen in Abhängigkeit von den Wachstumsbedingungen der Kristalle (Wachstumsgeschwindigkeit) beträchtliche Ar-Mengen auf.
2. Das Argon wurde fest in der Struktur gebunden. Gleichzeitig erfolgte die Ar-Imprägnation einer in den Autoklaven gebrachten Kankrinitschicht ($\sim 30 \cdot 10^{-9}$ g/g).

Die neuesten experimentellen Ergebnisse von NIKOLAEV u. a. (1972) zeigen, daß die Menge des in Pyroxen eindringenden Argons zwar bei relativ hohen Partialdrücken unabhängig von einer Partialdruckänderung ist, daß aber bei kleinen Partialdrücken geringe Partialdruckschwankungen eine deutliche Änderung der Ar-Menge zur Folge haben.

Ferner wird der Einfluß des Chemismus der Gasphase über den Mineralen auf die Menge des eindringenden Argons deutlich.

So beeinflußt Stickstoff die Menge bei Ar-Partialdrücken von 300 at und mehr kaum, Wasserdampf und besonders ein Gemisch von Wasserdampf und Kohlendioxid hingegen setzt die Absorption von Argon bedeutend herab.

Um jedoch auf diesem Wege eindeutige Schlüsse über die Natur überschüssigen Argons in primären Mineralen ziehen zu können, sind Untersuchungen bei Ar-Partialdrücken in der Größenordnung von 1—$1 \cdot 10^{-3}$ at bei hohen Temperaturen und hohen äußeren Drücken erforderlich.

ŽIROV u. a. (1970/1972) sind der Auffassung, daß der He- und Ar-Überschuß mit der Magmendifferentiation im Zusammenhang steht, bei der sich die Edelgase in den Restlösungen der Schmelzen sowohl basischer als auch untergeordnet saurer Magmen konzentrieren. Aus diesen scheiden sich dann stark mit überschüssigem Helium und Argon angereicherte Minerale wie z. B. Kankrinit ab. Als mögliche Quellen für überschüssiges Helium und Argon werden

1. die Entgasung des Mantels und
2. die Entgasung älterer Krustengesteine bei der Metamorphose

angesehen.

Erstmals wurde überschüssiges Argon (neben Helium und Stickstoff) in sulfidischen Erzen verschiedener Lagerstättentypen (Cu—Ni-, Pb—Zn- und $CuFeS_2$-Lagerstätten unterschiedlichen Alters) festgestellt (Žirov u. a. 1972). Die höchsten Gehalte sind für Gangerze älterer sulfidischer Cu—Ni-Lagerstätten in der Monče Tundra der Halbinsel Kola charakteristisch (bis $350 \cdot 10^{-9}$ g Ar/g). Metamorphe Cu—Ni-Erze weisen stark verringerte He- und Ar-Gehalte auf. Weiterhin wurden Helium und Argon im Bleiglanz von Brooken Hill und im Pyrrothin von Sudbury von Hurley u. a. (1943) (aus Žirov u. a. 1972) festgestellt. Die Sulfide der Kieslagerstätten des Urals, des Kaukasus und Kasachstans enthalten mehr Helium als Argon. Verschieden sind die (He/Ar)-Überschuß-Verhältnisse für die Sulfide der einzelnen Lagerstättentypen. Erklärbar ist diese Tatsache durch die Besonderheiten der Herkunft der Edelgase, der Lagerstättengenese, des Erztyps und der Ausscheidungsfolge der Erzminerale.

Da die Gaskomponenten stets bei der endogenen Sulfidbildung auftreten, ist eine gemeinsame Genese anzunehmen. Es wäre zu prüfen, ob das Auftreten von Helium, Argon und Stickstoff in sulfidischen Erzen als ein Suchkriterium für Erze bestimmten Typs Anwendung finden kann. Dazu ist die Untersuchung der He-, Ar- und N_2-Isotopenzusammensetzung erforderlich, um die Quellen der Gase, die physiko-chemischen Bedingungen der sulfidischen endogenen Erzbildung und die Quellen der Erzstoffe feststellen zu können.

In den Gas-Flüssigkeits-Mikroeinschlüssen im Riscorit (Prasolov u. a. 1969) wurde neben Ar^{40} auch Ar^{36} festgestellt. Während Ar^{40} hauptsächlich an das Kristallgitter gebunden ist (Abscheidung bei $> 1000\,°C$), befindet sich Ar^{36} überwiegend in den Mikroeinschlüssen (Abscheidung bei $< 800\,°C$).

Das Ar^{40} in den Mineraleinschlüssen läßt sich durch Diffusion aus den gesteinsbildenden Mineralen erklären. Jedoch besteht die Möglichkeit, daß während der Auskristallisation Gas eingeschlossen wurde. Zur Erklärung der Anwesenheit des Ar^{36} gibt es verschiedene Hypothesen:

— Ältere Gase der Sedimentite (relativer Ar^{36}-Überschuß) wurden von Magmen assimiliert und bei der Kristallisation in Mikroeinschlüssen abgeschieden. Viel Gas kann nicht „ergriffen“ worden sein, da die He-Isotopenzusammensetzung normal ist.
— Im Magma war primordiales Argon aus dem Mantel enthalten. Allerdings konnte im Kristallgitter der Minerale bisher kein Ar^{36} nachgewiesen werden.
— Kernphysikalische Herkunft des Ar^{36}, besonders durch die Reaktion $Cl^{35}(n, \gamma)\, Cl^{36} \xrightarrow{\beta^-} Ar^{36}$.

Detaillierte Untersuchungen sind noch erforderlich.

Anzustreben waren Untersuchungen in Mineralen, deren K-Gehalt nur sehr gering oder gleich Null ist, da K-Gehalte in der Größenordnung der Clarkes die Interpretation erschweren. Dazu bot sich Quarz an. Analysiert wurden Einschlüsse in Pegmatitquarzen aus Karelien, Wolhynien und Kasachstan (Najdenov u. a. 1972; Prasolov u. a. 1970). Es zeigte sich, daß die Quarze der Plattformbildungen Argon (2—99%) enthielten, das genetisch nicht mit dem in der Lösung enthaltenen Kalium zusammenhängt. Hingegen wies Quarz aus Gebieten intensiver tektonisch-magmatischer Tätigkeit einen bedeutenden Luftargonanteil (bis 50—98%) auf. Nach dem Luftargongehalt lassen sich bei den von NAJDENOV u. a. (1972) untersuchten Pegmatitquarzen verschiedene Pegmatittypen aushalten. Der quantitative Luftargongehalt zeigt eine Abhängigkeit vom Alter der Plattform und von der Geschlossenheit der Pegmatitherde:

- bis 1% Luftargon
  sehr tiefe (10 km) und alte (archäische) Gangpegmatite
- 4—42% Luftargon
  proterozoische isometrische und Stockpegmatite mit relativ geringer Lagerungsteufe (2—4 km)
- 60—63% Luftargon
  oberkarbonische Gangpegmatite mittlerer Bildungsteufe (4—6 km)
- mehr als 80% Luftargon
  permische Kammerpegmatite in 1,5—2 km Teufe.

So lassen sich mittels He- und Ar-Isotopenanalysen der Gase aus Mikroeinschlüssen nicht nur der Grad der Teilnahme vadoser Wässer und Tiefenfluida bei der Mineralbildung bestimmen, sondern auch die Geschlossenheit des Systems und die physikochemischen Bildungsbedingungen (PRASOLOV 1972).

Überschüssiges Ar^{38} wurde in U-Mineralen bei einem Ar^{36}/Ar^{38}-Verhältnis zwischen 0,537 und 3,3 (Ar^{36}/Ar^{38} in der Atmosphäre = 5,35) angetroffen (ŠUKOLJUKOV u. a. 1966; ŠUKOLJUKOV 1970). Da Minerale mit hohen U-Konzentrationen den größten Ar^{38}-Überschuß aufweisen (Abb. 16), liegt die Vermutung nahe, daß die Ar^{38}-Anhäufung mit der Uranspaltung zusammenhängt.

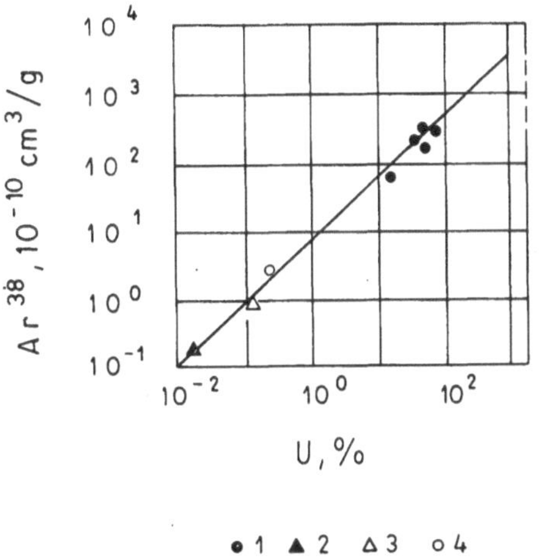

Abb. 16. Korrelation zwischen überschüssigem Ar^{38} und Uran (aus ŠUKOLJUKOV 1970)
1 — Nasturan; 2 — Tellurobismutit; 3 — Tucholit; 4 — Monazit

Einige mögliche Kernreaktionen sind in Tab. 4 aufgeführt.

Die Neutronenaktivierung von Chlor in U-Mineralen (Reaktion 7 und 8) kann, wie Untersuchungen ergaben, nicht zu den festgestellten überschüssigen Ar^{38}-Mengen, sondern eher noch zu einer Vergrößerung des Ar^{36}/Ar^{38}-Verhältnisses führen, da Ar^{38} entsprechend den Wirkungsquerschnitten etwa um das 70fache weniger gebildet wird als Ar^{38} und Cl^{35} dreimal häufiger als Cl^{37} vorkommt.

$$Cl^{37}(n, \gamma)\, Cl^{38} \xrightarrow{\beta^-} Ar^{38} \qquad 0{,}56 \text{ barn} \tag{7}$$

$$Cl^{35}(n, \gamma)\, Cl^{36} \xrightarrow{\beta^-} Ar^{36} \qquad 42 \text{ barn} \tag{8}$$

In Frage kämen ferner nach Wetherill & Thode (aus Šukoljukov 1970) die Reaktionen:

$$Cl^{35}(\alpha, n)\,K^{38} \xrightarrow{\beta+} Ar^{38} \quad (9)$$

$$Cl^{35}(\alpha, p)\,Ar^{38} \quad (10)$$

Entgegen den Erwartungen konnte jedoch nur eine äußerst schwache Korrelation zwischen Ar^{38} und Cl im Mineral festgestellt werden. Die Untersuchungen der Kinetik der Ar^{38}-Ausscheidung aus U-Mineralen widerlegten ebenfalls die mögliche Bildung von Ar^{38} aus Chlor. Ar^{38} befindet sich zwar in der Kristallstruktur, aber nicht an der Stelle der Cl-Atome. Noch weniger wahrscheinlich ist die Reaktion

$$K^{41}(n, \alpha)\,Cl^{38} \xrightarrow{\beta-} Ar^{38} \quad (11)$$

infolge ihres äußerst niedrigen Wirkungsquerschnitts.

Außerdem besteht in den untersuchten Mineralen zwischen Kalium und Ar^{38} keine Korrelation (Šukoljukov 1966/1970). Ferner beobachtete man in den U-Mineralen überschüssiges Ar^{40}, das mit Ar^{38} korreliert (Abb. 17). Šukoljukov (1970) nahm auf Grund der experimentellen Daten als Ar^{40}-Quelle nicht nur den K-Zerfall, sondern eine noch unbekannte Kernumwandlung an, die gleichzeitig eine Ar^{38}-Bildung (allerdings mit bedeutend geringerer Wahrscheinlichkeit) bewirken soll.

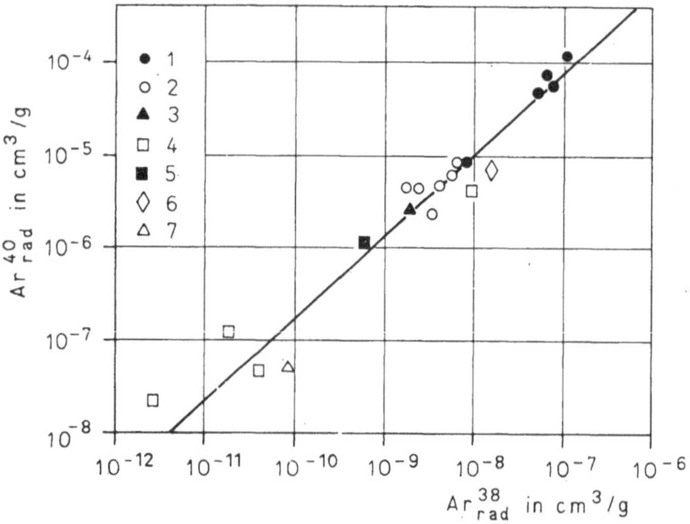

Abb. 17. Korrelation zwischen überschüssigem Ar^{40} und Ar^{38} in U-Mineralen (aus Šukoljukov 1970)

1 — Uraninit; 2 — Uraninit; 3 — Mendeleevit; 4 — Tucholit; 5 — Monazit; 6 — Smolka; 7 — Exenit

4.2.3.2. Argon in sedimentären Ablagerungen

Die Gasakkumulationen in den sedimentären Ablagerungen enthalten durchschnittlich weniger Argon als Helium. Obwohl ständig radiogenes Argon (Ar^{40}_{rad}) in den Sedimentschichten gebildet wird, erschweren die relativ kleinen Diffusionskoeffizienten den Zustrom in freie Gasakkumulationen (Florenskij 1956a).

Im Hinblick auf die Gehalte an radiogenem Argon in den freien und gelösten Kohlenwasserstoffgasen pendeln die angegebenen Werte zwischen 0 und 5580 ppm (Nesmelova

Tab. 20. Ar-Führung als Funktion von Radioaktivität, Alter und Teufe der Sedimente (Übersicht über die Untersuchungsergebnisse verschiedener Autoren)

	Quelle	Untersuchungsergebnisse
K-Gehalte	GAVRILOV (1970)	in terrigenen Speichern etwas höhere Ar_{rad}-Konzentrationen als in Karbonatspeichern
	GERLING u. a. (1967)	$(He/Ar)_{rad}$-Verhältnisse der in Schichtwässern gelösten Gase: in Gebieten mit Kalisalzablagerungen < 10 in Gebieten mit Uranvorkommen > 10
	JAVRILOV u. a. (1968)	in Gasen der Kagansker Hebung keine Korrelation der Ar_{rad}-Gehalte mit der Verteilung der K-haltigen Minerale in den Speichern
Alter der Speichergesteine	NESMELOVA u. a. (1967) JAVRILOV u. a. (1968)	keinen Zusammenhang festgestellt
	KUŠKO u. a. (1962) DONCOVA (1967)	positive Korrelation in gas-, erdöl- und wasserführenden Ablagerungen
	GERLING u. a. (1967)	laut Statistik Zusammenhänge zwischen Ar-Gehalten und den He/Ar_{Luft}- und Ar_{rad}/Ar_{Luft}-Verhältnissen einerseits und dem Alter des gasführenden Gesteins andererseits für „normale" Gase ($He/Ar_{rad} \sim 10$), nicht aber für die Gesamtheit der betrachteten Gase festgestellt
	GAVRILOV u. a. (1970)	für mesozoische Ablagerungen in Plattformgebieten Altersabhängigkeit der Ar_{rad}-Führung; in Geosynklinalgebieten noch keine Klärung
Lagerungsteufe der Speichergesteine	NESMELOVA u. a. (1967)	scheinbar keine enge Korrelation
	KUŠKO u. a. (1962)	gesetzmäßige Vergrößerung des Ar_{rad}-Gehalts in Erdölgasen mit der Teufe
	JAVRILOV u. a. (1968)	im Gebiet der Kagansker Hebung Ar^{40}-Anreicherungen für die Lagerstätten charakteristisch, die hypsometrisch am stärksten abgesunken sind
Entfernung vom Fundament	NESMELOVA u. a. (1967)	hohe und anomal hohe Konzentrationen in der Nähe des Fundaments
	GAVRILOV u. a. (1970)	in mesokänozoischen Ablagerungen (epivariszische Plattformen und alpine Gebiete) keine Abhängigkeit beobachtet
Tektonik	NESMELOVA u. a. (1967) GAVRILOV u. a. (1970)	hohe und anomal hohe Ar_{rad}-Gehalte an Zonen tektonischer Dislokationen gebunden
	GAVRILOV u. a. (1970)	niedrige Gehalte in Gaslagern, die an Plattformen und ungestörten Strukturen des Paläozoikums und Mesozoikums gebunden sind

u. a. 1967; GERLING u. a. 1967). Die mittleren Partialdrücke betragen nach GERLING u. a. (1967) 0,01 at, sollen aber vereinzelt bis auf 1 at ansteigen. Das Ar^{36}/Ar^{38}-Verhältnis entspricht in etwa dem atmosphärischen. Häufiger als in Gaslagerstätten stößt man in Erdölgasen auf größere Ar^{40}_{rad}-Anreicherungen (vgl. Helium) (NESMELOVA u. a. 1967; GAVRILOV u. a. 1970).

In Analogie zum Helium sind Abhängigkeiten der Ar-Verteilung von entsprechenden Parametern zu erwarten. Sehr eingehende Untersuchungen nehmen Bezug auf die Verteilungsbesonderheiten in den Kohlenwasserstoffgasen.

Untersucht wurden die Zusammenhänge zwischen der Ar_{rad}-Führung und der Radioaktivität, dem Alter und der Lagerungsteufe der die Gaslager enthaltenden Sedimentablagerungen, deren Entfernung vom Fundament und den tektonischen Bedingungen (Tab. 20).

Es wird deutlich, daß die einzelnen Autoren zu verschiedenen Ergebnissen hinsichtlich der Korrelationsbeziehungen kommen. Am unumstrittensten ist offensichtlich der Einfluß der tektonischen Verhältnisse.

Die von GERLING u. a. (1967) festgestellte Abhängigkeit des Ar_{rad}/Ar_{Luft}-Verhältnisses vom Alter des gasführenden Mediums bei „normalen“ Gasen wird für die Altersabschätzung der Schichtwässer herangezogen. Dabei gleichen die geologischen Voraussetzungen denen für die von SAVČENKO vorgeschlagenen und von KOZLOV (1950) weiterentwickelten He/Ar-Methoden (in KARCEV 1963), jedoch unter Berücksichtigung des radiogenen Argons und der höchstwahrscheinlich schwächeren Ar-Isotopentrennung im Vergleich zur raktionierung von Helium und Argon während der Gasmigration.

Großer Skepsis und Anzweifelung unterliegt heute im allgemeinen die Formel:

$$\tau = \frac{He}{Ar} \cdot 115 \text{ Mill. Jahre} \qquad (12)$$

die zur Altersabschätzung dient, zumal durchgeführte Bestimmungen unreelle Werte ergaben (KARCEV 1963; NIKONOV 1968).

Mit Hilfe der Isotopenanalyse kann nach GERLING (1967) eine Schätzung des Alters der Schichtwässer wie folgt durchgeführt werden:

$$t = M_A \cdot \left(\frac{Ar_{rad}}{Ar_{Luft}}\right)^{Gas} \qquad (13)$$

$$M_A = \frac{0{,}23 \cdot 10^{10} \cdot p \cdot C_A}{(100 - p) \cdot d \cdot K \cdot m_A} \qquad (14)$$

p = Porosität in %
d = spez. Gewicht des Gesteins
K = K-Gehalt in Gewichtseinheiten
t = Alter in Jahren
C_A = Löslichkeit von Argon (cm^3 Gas in 1 cm^3) bei p_{Druck} = 760 mm
m_A = Anteil an Ar_{rad}, das das Gestein verläßt und in den Porenraum strömt.

Zuverlässige Daten sind zu erwarten, wenn folgende Bedingungen erfüllt sind:

1. $(He/Ar)_{rad} = 10 \pm 5$ („normale“ Gase),
2. ein Gasaustausch zwischen den gashaltigen Schichten und den benachbarten Schichten oder der Atmosphäre muß ausgeschlossen sein.

Als mögliche Ar-Quellen in den Gaslagern kommen die K-enthaltenden Minerale der Speichergesteine, der Gesteine des Fundaments und des Mantels in Frage.

Argon wird fester als Helium im Kristallgitter der meisten Minerale gehalten und daher schwerer in den Porenraum abgesondert. Die Radioaktivität des Kaliums ist sehr schwach und beträgt etwa 0,001 der U-Radioaktivität. Trotz des unbedeutenden K^{40}-Anteils des Kaliums (0,0119%) und der Tatsache, daß nur bei 11,2% des K^{40} die Bildung von Ar^{40} durch den K-Einfang erfolgt, entsteht infolge der großen K-Verbreitung in der Lithosphäre (nach FERSMANN K-Menge = 0,15% der Erdmasse) (aus KUŠKO & ZVEREV 1962) relativ viel radiogenes Argon.

Es ist auch nicht völlig ausgeschlossen, daß Argon und Helium nach Absonderung aus dem Magma (möglicherweise aus dem Mantel) nicht nur von den Mineralen während des Kristallisationsprozesses eingeschlossen wurden, sondern gleichzeitig in die Gaslager der Lithosphäre strömten.

Zusammenfassend kann gesagt werden, daß die Ar-Führung in der Sedimentschicht hauptsächlich von folgenden Faktoren bestimmt wird:

- Anhäufung radiogenen Argons (Ar^{40}) durch radioaktiven K-Zerfall in den Mineralen und Gesteinen der Sedimentschicht ($Ar_{syngenetisch}$)
- Ar-Zustrom aus dem Fundament und möglicherweise aus der subkrustalen Schicht ($Ar_{epigenetisch}$)
- Einschluß von Luftargon während des Sedimentationsprozesses ($Ar_{sedimentär}$)
- Ar-Verlust in die Atmosphäre ($Ar_{Verlust}$)

Davon ausgehend kann die Ar-Bilanz folgendermaßen ausgedrückt werden:

$$Ar = Ar_{syng.} + Ar_{epig.} + Ar_{sedim.} - Ar_{Verlust}$$

4.2.4. Argon in der Hydrosphäre

Die Zusammensetzung der in der Hydrosphäre gelösten Luft unterscheidet sich entsprechend des unterschiedlichen Löslichkeitsverhaltens der einzelnen Komponenten stark von der der atmosphärischen Luft (s. Abschn. 4.1.4.). So beträgt der Ar-Gehalt der gelösten Luft etwa 1,5% (SOKOLOV 1966). Nach VINOGRADOV (1967) (aus SOKOLOV 1971) sind in Ozeanwässern 0,32 cm³ Ar/l gelöst.

Die atmosphärische Herkunft des Argons in Oberflächenwässern konnten MAZOR & WASSERBURG (1965) in den von ihnen untersuchten Wasserproben an Hand der Ar^{40}/Ar^{36}- und N_2/Ar-Verhältnisse belegen.

Auch für Argon (Abb. 13) wurden in ozeanischen Wässern Abweichungen von der normalen Sättigung beobachtet (BIERI u. a. 1964, 1966, 1968, 1971). Im Südpazifik beispielweise bestehen Sättigungsmaxima für Argon 0—100 m unterhalb der Wasseroberfläche (BIERI u. a. 1966; Abb. 13). Die tiefsten Zonen des Nordatlantik scheinen an Argon bis zu 3% übersättigt und die des Nordpazifik um einen ähnlichen Betrag untersättigt zu sein (BIERI 1968). Im Gegensatz zum Helium lassen sich die Ar-Konzentrationen bei Beachtung des Löslichkeitsverhaltens durch Luftinjektionen erklären.

4.2.5. Argon in vulkanischen und postvulkanischen Gasen

Obwohl der radiogene Ar-Anteil in vulkanischen Gasen mit durchschnittlich 3% (selten > 10%) sehr gering ist, liegt das $(Ar^{40}/He^4)_{rad}$-Verhältnis um eine Größenordnung höher als das für Erdgase. Die Gase des Vulkans Mutnov (Kamtschatka) weisen beispielsweise einen Wert von 0,56 auf, während in den Gasen der Erdkruste das Verhältnis nie größer als 0,075 ist (ČERDYNCEV & ŠITOV 1967). Ein hoher $(Ar^{40}/He^4)_{rad}$-Wert könnte durch Gaszufuhr aus solchen Regionen, in denen das $\frac{K}{U + TH}$-Verhältnis viel höher als in der Erdkruste ist, erklärt werden. Der Mantel enthält quantitativ weniger Kalium und noch bedeutend weniger Uran und Thorium. So nehmen ČERDYNCEV & ŠITOV (1967) an, daß einige vulkanische Herde Gase umgeschmolzener Teile des oberen Mantels abgeben, in denen Argon der alten Erdatmosphäre (eventuell der primären) aufbewahrt wurde. Möglicherweise handelt es sich sogar um Argon der Uratmosphäre der Erde, die von alten Krustengesteinen eingeschlossen war und ebenfalls bei ihrer Umschmelzung freigesetzt wurde (ČERDYNCEV, ŠITOV & LIZARSKAJA 1967). Bei den niedrigen K-Gehalten der Mantel- wie der alten Krustengesteine wird die Ar-Isotopenzusammensetzung vom Argon der durch die Umschmelzung freigesetzten Gase geprägt. Darauf weist beispielsweise der Ar^{36}-Überschuß der vulkanischen Gase im Vergleich zur heutigen Atmosphäre hin (s. Abschn. 4.2.2.), der bisher offensichtlich nicht vollkommen durch den Zusatz von radiogenem Argon (Ar^{40}) ausgeglichen werden konnte.

Allerdings darf eine Beeinflussung der vulkanischen Gase durch die rezente Atmosphäre nicht ausgeschlossen werden. Das trifft besonders für die postvulkanischen Exhalationen und Thermen zu, deren Ar-Isotopenverhältnisse sich gewöhnlich nicht von den atmosphärischen unterscheiden (BASKOV u. a. 1972). Radiogenes Argon konnte nur sehr selten, und dann in geringfügigsten Mengen, festgestellt werden (PENCHEV u. a. 1966; FERRARA u. a. 1963; ŠUKOLJUKOV u. a. 1965). Dies wird auf die Mitwirkung vadoser Wässer im hydrothermalen Prozeß zurückgeführt (ZADOROŽNYJ u. a. 1972).

Tab. 21. Argon in der Lithosphäre, Hydrosphäre sowie in vulkanischen und postvulkanischen Gasen

	Gehalte	Autor	Verhältniswerte	Autor
Minerale und Magmatite	Feldspatphenokristalle $283 \cdot 10^{-8}$ g Ar^{40}/t	[1]	Mikroeinschlüsse in Quarz $Ar^{40}/Ar^{36} = 327-15000$	[4]
	Basalte $490 \cdot 10^{-8}$ cm³ Ar^{40}/g	[1]	Uranminerale $Ar^{36}/Ar^{38} = 4{,}1-0{,}2$	[5]
	Einschlüsse in Pegmatiten $0{,}07 \cdot 10^{-6}$ cm³ Ar_{Luft}/g	[2]		
	Einschlüsse in telethermalen Gängen $(1{,}0 + 2{,}5) \cdot 10^{-6}$ Ar_{Luft}/g	[2]		
	sulfidische Cu- und Ni-Erze (Kola-Halbinsel) bis 0,28 m³ Ar/g	[3]		
sedimentäre Ablagerungen	KW-Gase 0–5580 ppm Ar	[6]	Erdgase $Ar^{40}/Ar^{36} = 338-22100$	[9]
	0,04–0,89%	[7]	$Ar^{38}/Ar^{36} = 0{,}193-0{,}207$	[9]
	KW-Gaskondensatlagerstätten 34–45 ppm $Ar_{rad-abs.}$	[8]	Schungite $Ar^{40}/Ar^{36} < 295{,}6$	[10]
			Erdgase Ar^{40}_{rad}/He^4 nie $> 0{,}075$	[10]
Hydrosphäre	Ozeane 0,32 cm³ Ar/l	[11]		
vulkanische und postvulkanische Gase			Vulkan Mutnov (Kamtschatka): $Ar^{40}_{rad}/He^4 = 0{,}56$	[10]
			vulkanische Gase $Ar^{40}/Ar^{36} < 295{,}6$	[10], [12]

[1] FISHER (1972); [2] GERLING u. a. (1972); [3] ŽIROV u. a. (1972); [4] PRASOLOV u. a. (1970); [5] ŠUKOLJUKOV (1970); [6] NESMELOVA u. a. (1967); [7] HOERING u. a. (1960); [8] NESMELOVA u. a. (1972); [9] BENNET u. a. (1970); [10] ČERDYNCEV u. a. (1967 a); [11] VINOGRADOV (1967) aus SOKOLOV (1971); [12] ČERDYNCEV u. a. (1967 b)

4.2.6. Argonkreislauf

Nach dem gegenwärtigen Kenntnisstand über die Geochemie und Isotopengeochemie des Argons (s. Abschn. 4.2.1. bis 4.2.5.) kann analog dem He-Kreislauf ein Kreislauf des Argons entwickelt werden (Abb. 18).

In Tab. 21 sind die Daten über die Gehalte und die Verhältniswerte der Ar-Isotope in den Geosphären zusammengestellt.

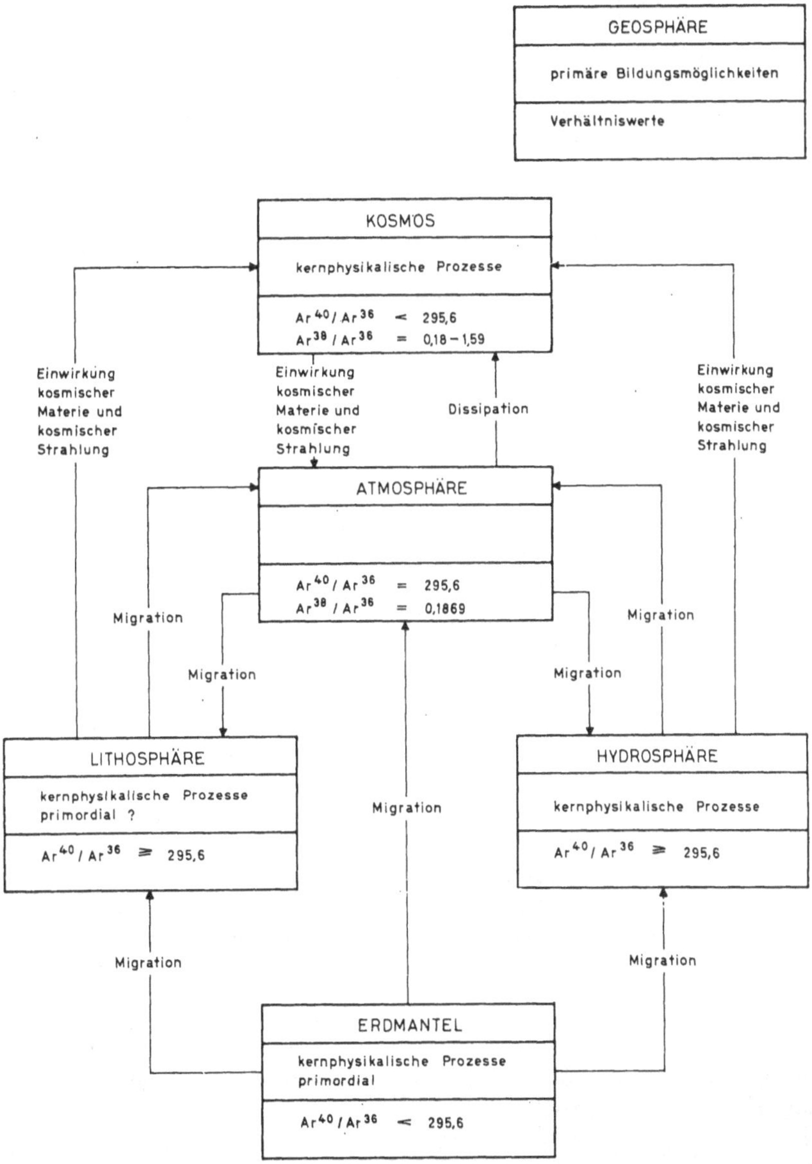

Abb. 18. Ar-Kreislauf nach den Angaben aus Abschn. 4.2.1. bis 4.2.5.

4.3. Neonisotope im Kosmos und in den Geosphären

Über die Isotopengeochemie des Neons liegen nur sehr spärliche Untersuchungen vor. Bis heute sind die Prozesse, die zur Ne-Isotopenbildung und zur Isotopenzusammensetzung in den Mineralen und Gasakkumulationen führen, noch nicht vollständig erkannt. Offen bleibt beispielsweise die Frage nach dem Zusammenhang zwischen überschüssigen Gehalten an Ne-Isotopen und den Isotopen der anderen Edelgase. Im Jahre 1929 wurden erstmals von Penchev (Penchev u. a. 1966) Methoden zur quantitativen Ne-Bestimmung in Gasen entwickelt. Die ersten Angaben über die Ne-Isotopenzusammensetzung in aus Mineralen extrahierten Gasen stammen von Wetherill (1954).

Im Kosmos ist Neon häufiger vertreten als in der Erdkruste (Tab. 13). Entweder konnte bei der Erdbildung weniger Neon okkludiert werden als gewöhnlich in der kosmischen Materie enthalten ist (s. Abschn. 4.2.1.), oder die relative Ne-Armut der Erde ist auf ihre kontinuierliche Entgasung zurückzuführen. In der kosmischen Materie ist im Vergleich zur Atmosphäre eine Ne^{21}-Anreicherung zu verzeichnen (Tab. 22).

Tab. 22. Ar^{38}/Ne^{21}- und Ne^{21}/Ne^{22}-Verhältnisse im Sichote-Alin-Meteorit und in der Atmosphäre

	Sichote-Alin-Meteorit		Atmosphäre	
Ar^{38}/Ne^{21}	3,02–8,2	[1]	125	[1]
Ne^{21}/Ne^{22}	0,939 ± 0,027	[1]	0,029	[2]

nach Daten von Levskij (1971) [1] und Vinogradov (1972) [2]

Während sich die Isotope $Ne^{20} : Ne^{21} : Ne^{22}$ in Meteoriten etwa wie 1 : 1 : 1 verhalten, kann die relative Isotopenhäufigkeit des Neons in der Atmosphäre entsprechend mit etwa 1000 : 3 : 100 angegeben werden. Abweichende Ergebnisse bringen die Regolithproben des Mondes mit einem Ne^{21}/Ne^{22}-Verhältnis von nur 0,0032 (Vinogradov 1972; s. Tab. 14), das sogar noch unter dem atmosphärischen Wert liegt. Der Ne-Gehalt in der Atmosphäre wird von verschiedenen Autoren angegeben:

mit $1{,}8 \cdot 10^{-3}$ Vol.-% von Dans u. a. (1943) und von Finkel'štejn (1961),
mit $1{,}818 \cdot 10^{-3}$ Vol.-% von Nier (1950 aus Jakuceni 1968) und
mit $1{,}82 \cdot 10^{-3}$ Vol.-% von Sokolov (1966).

Der Clarke für Neon beträgt nach Fersman (1933–1939 aus Rösler u. a. 1965) 0,005.

Während die Isotopenzusammensetzung des Neons aus thermalen N_2-Quellen (Penchev u. a. 1966) der des atmosphärischen Neons entspricht, konnten in U-Mineralen und in He-führenden Gasen Ne^{21}- und Ne^{22}-Anreicherungen im Vergleich zum atmosphärischen Neon festgestellt werden (Emerson u. a. 1966; Šukoljukov 1970; Šarif-Zade u. a. 1972; Šukoljukov u. a. 1972; Aškinadze u. a. 1972).

Es wird angenommen, daß der Ne^{21}- und Ne^{22}-Überschuß durch Kernreaktionen in den U-Mineralen bewirkt wird. Von den in Tab. 7 aufgeführten Reaktionen kommen bei Berücksichtigung der Wirkungsquerschnitte nur wenige Reaktionen in Frage, hauptsächlich:

$$O^{18}(\alpha, n)\,Ne^{21} \tag{15}$$

$$F^{19}(\alpha, n)\,Ne^{22} \tag{16}$$

Die Reaktion (15) war bereits 1954 von WETHERILL als Hauptquelle für die Ne^{21}-Produktion in der Nähe von α-Strahlern angenommen worden. Unerwartet und zunächst schwer erklärbar ist jedoch die zwischen den Ne^{21}- und Ne^{22}-Gehalten bestehende Korrelation (Abb. 19), zumal eine solche zwischen O^{18} und F^{19} nicht bekannt ist.

Die Ursache für diesen Effekt ist bis heute nicht restlos geklärt. ŠUKOLJUKOV (1970) nahm an, daß die Bildung von Ne^{21} und Ne^{22} nicht mit den in der Tab. 7 aufgeführten Kernreaktionen erklärt werden kann, sondern auf verschiedene bisher hypothetische U-Spaltungen zurückzuführen sei, bei denen gleichzeitig die überschüssigen Ar^{40}- und Ar^{38}-Mengen entstehen (s. Abschn. 4.2.3.1.). Mit Annahme dieser Hypothese tritt die Schwierigkeit auf, die bestehenden Fakten mit den gegenwärtigen Vorstellungen über Kernprozesse in Einklang zu bringen.

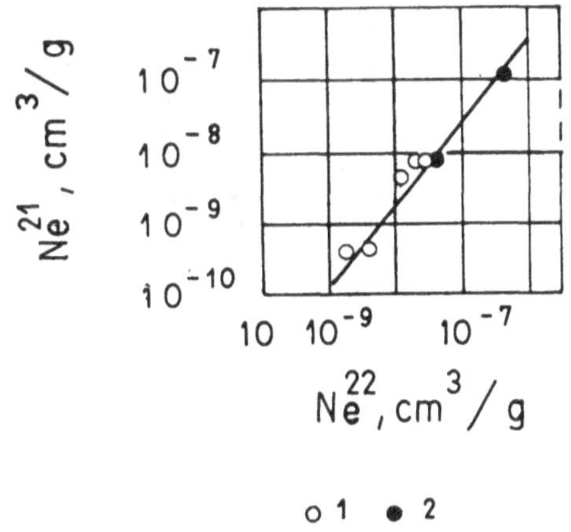

Abb. 19. Korrelation der überschüssigen Mengen an Ne^{21} und Ne^{22} (aus ŠUKOLJUKOV 1970)

1 — Gase aus Tucholit; 2 — Gase aus Uraninit

Berechnungen von ŠUKOLJUKOV u. a. (1971) und ŠARIF-ZADE u. a. (1972) zeigen eine gute Übereinstimmung zwischen den Ne^{21}-Mengen, die bei Verwendung der Reaktion $O^{18}(\alpha, n)$ und unter Berücksichtigung der Diffusionsverluste errechnet werden sowie den experimentell bestimmten. Diese Tatsache konnte als Bestätigung für den Ablauf dieser Kernreaktion angesehen werden.

Der Wert für das $Ne^{22}_{\text{übersch.}}/Ne^{21}_{\text{übersch.}}$-Verhältnis von $\sim$ 30 in natürlichen Gasen unterscheidet sich um das 10- bis 400fache von den Werten in Mineralen (ŠUKOLJUKOV u. a. 1972). Eine Isotopenfraktionierung während der Migration aus den Kristallstrukturen wird als Erklärung dieser Erscheinung gegeben. Eine besonders starke Fraktionierung der Ne-Isotope ist für Minerale typisch, bei denen Fluor und Sauerstoff verschiedene Lagen in der Gitterstruktur einnehmen. Diese Beobachtung spricht für die Hypothese der radiogenen Bildung von Ne^{21} und Ne^{22} aus O^{18} bzw. F^{19}.

Kalkulationen über den Ne-Fluß aus der Erdkruste in die Atmosphäre durch PENCHEV u. a. (1970) ergaben, daß nur etwa 4% des atmosphärischen Ne^{21} und etwa 0,2% des atmosphärischen Ne^{22} radiogener Herkunft sein können.

Für Ne^{20} ist bisher nur eine primordiale Herkunft bekannt.

Ozeanische Wässer weisen analog Argon Ne-Übersättigung auf (Abb. 13), die ebenfalls durch Injektion atmosphärischer Luft erklärbar sind (BIERI u. a. 1964, 1966, 1968, 1971).

Zusammenfassung

Die Edelgase sind stets an der Zusammensetzung der unter den verschiedensten Bedingungen vorkommenden natürlichen Gase beteiligt, und zwar ständig als Beimengungen (außer im Kosmos) von KW-, N_2- und CO_2-Gasen. Gegenwärtig ist ein sprunghafter Anstieg der Untersuchungen an Edelgasen zu verzeichnen, da die Element- und Isotopenverhältnisse genetische Aussagemöglichkeiten eröffnen.

Es erfolgt eine ausführliche Zusammenstellung und Auswertung der zugängigen Literatur über die Geochemie der Edelgase Helium, Argon, Neon und ihrer Isotope. Hauptaugenmerk wird auf die Verteilung der genannten Edelgase im Kosmos und in den verschiedenen Geosphären gelegt. Dabei werden wichtige Faktoren, die die Verteilung bedingen — kernphysikalische Bildungsprozesse, physiko-chemische Kenndaten der Edelgase, strukturelle und physiko-chemische Bedingungen im Kristallgitter der edelgasbildenden Minerale —, herausgearbeitet.

Der Kenntnisstand über die natürlichen Bildungsprozesse ist für die einzelnen Edelgasisotope sehr unterschiedlich. In Frage kommen ausschließlich physikalische Bildungsmechanismen. Sowohl die in den einzelnen Sphären bekannten als auch die hypothetischen (mit Angabe des Wahrscheinlichkeitsgrades) kernphysikalischen Prozesse werden in tabellarischer Form erfaßt.

Auf Grund ihrer spezifischen chemischen und physikalischen Eigenschaften nehmen die Edelgase unter den natürlichen Gasen eine besondere Stellung ein. Eine Übersicht über die wichtigsten physiko-chemischen Kenndaten wird in Form von Abbildungen und Tabellen gegeben.

Betrachtet werden ferner die Untersuchungen über den Einfluß der strukturellen und physikochemischen Bedingungen im Kristallgitter der edelgasbildenden Minerale auf die Verteilungsbesonderheiten.

Die Verteilung der einzelnen He-, Ar- und Ne-Isotope im Kosmos und in den verschiedenen Geosphären wird ausführlich behandelt. Genetische Fragen werden diskutiert. Alle greifbaren Angaben über Gehalt und Isotopenverhältnisse in den einzelnen Sphären sind tabellarisch erfaßt. Auf die Bedeutung wichtiger Gehalts- und Isotopenverhältnisse wird eingegangen. Diese Auswertung bildet die Grundlage für die Entwicklung von Kreisläufen für Helium, Argon und Neon.

Резюме

Благородные газы в различных условиях постоянно участвуют в составе природных газов. Они образуют постоянные примеси (кроме в космосе) углеводородных, азотных и углекислых газов. В настоящее время намечается усиленное изучение благородных газов, т. к. соотношения элементов и изотопные соотношения способствуют получению генетических выводов.

Приводятся подробный обзор и интерпретация доступной литературы в области геохимии благородных газов (гелий, аргон, неон) и их изотопов. Главное внимание при этом было обращено на распространение указанных благородных газов в космосе и различных геосферах. Перечисляются главные, определяющие распределение газов факторы: образование в результате ядерных реакций, физико-химические данные о благородных газах, структурные и физико-химические условия в кристаллической решётке образующих благородные газы минералов.

Состояние изученности природных процессов образования сильно отличается для отдельных изотопов благородных газов. Рассматриванстя исключительно физические механизмы образования. В таблице указываются для отдельных геосфер как известные так и гипотетические (с указанием степени вероятности) атомные процессы образования.

Из-за их специфических химических и физических свойств благородные газы занимают особое место среди природных газов. В виде изображений и таблиц дается обзор о наиболее важных физико-химических данных.

Далее рассматриваются исследования о влиянии структурных и физико-химических условий кристаллической решётки образующих благородные газы минералов на особенности распределения.

Подробно обсуждается распределение отдельных изотопов He, Ar и Ne в космосе и в различных геосферах, включая также генетические вопросы. Все доступные данные о содержаниях и изотопных соотношениях в отдельных геосферах приведены в таблицах. Указывается на значение важных соотношений содержаний и изотопных соотношений. Полученные выводы положены в основу развития круговоротов гелия, аргона и неона.

Summary

Rare gases always participate in the composition of natural ones occurring under the most varied conditions, at all times (except for the cosmos) as admixtures of hydrocarbon, N_2 and CO_2 gases. At present, studies of rare gases show an advance because element and isotope ratios permit to make genetic statements.

The literature available on the geochemistry of rare gases such as helium, argon, neon and their isotopes is reviewed and evaluated in detail, with particular emphasis on their distribution in the cosmos and various geospheres and on the elaboration of important factors conditioning the distribution, such as nuclear-physical processes of formation, physico-chemical characteristics of rare gases, structural and physico-chemical conditions in the crystal lattice of minerals forming rare gases.

The present state of knowledge of the natural processes of formation, for which physical mechanisms come exclusively into question, is rather different for the individual rare-gas isotopes. Both those processes known from the individual spheres and the hypothetical nuclear-physical ones are given in table form, the latter with informations about their degree of probability.

Owing to their specific chemical and physical properties rare gases take a particular place among natural ones. Their most important physico-chemical characteristics are reviewed in figures and tables.

Further considerations deal with studies of the influence exerted by structural and physico-chemical conditions in the crystal lattice of minerals forming rare gases on the peculiarities of distribution.

The distribution of the individual He, Ar and Ne isotopes in the cosmos and various geospheres is described in detail, discussing genetic problems and giving all informations available on contents and isotope ratios in the individual spheres in table form. The significance of important content and isotope ratios is emphasized, and forms the basis for developing helium, argon and neon cycles.

Résumé

Les gaz rares participent toujours, sous forme d'impuretés de gaz d'hydrocarbure, de N_2 et de CO_2 (à l'exception dans l'univers), à la composition des gaz naturels trouvés dans diverses conditions. A présent, on note que l'étude des gaz rares augmente de façon remarquable parce que les rapports d'éléments et d'isotopes permettent de faire des constatations génétiques.

Dans une vue d'ensemble et évaluation de la littérature dont on dispose de la géochimie des gaz rares, tels que l'hélium, l'argon, le néon et leurs isotopes, on attire l'attention surtout à leur distribution dans l'univers et les diverses géosphères, en soulignant les facteurs importants étant la conséquence de la distribution, c.-à-d. les processus de formation physiques nucléaires, les valeurs caractéristiques physico-chimiques des gaz rares, et les conditions structurales et physico-chimiques dans le réseau cristallin des minéraux formant des gaz rares.

Les connaissances actuelles sur les processus de formation naturelle des isotopes de gaz rare diffèrent beaucoup, les mécanismes de formation à prendre en considération étant de nature physique seulement. On présente en forme de tableau tant les processus physiques nucléaires connus dans les sphères individuelles, que les processus de caractère hypothétique, en indiquant leur degré de probabilité.

A la suite de leurs propriétés chimiques et physiques spécifiques les gaz rares occupent une position particulière parmi les gaz naturels. Leurs plus importantes valeurs caractéristiques physico-chimiques sont présentées en figures et tableaux.

On considère aussi les études ayant rapport à l'influence exercée par les conditions structurales et physico-chimiques dans le réseau cristallin des minéraux formant des gaz rares sur les particularités de la distribution.

On traite à fond les isotopes de He, d'Ar et de Ne dans l'univers et les diverses géosphères, en discutant les problèmes génétiques et en présentant en forme de tableaux les informations dont on peut disposer de leurs teneurs et de leurs rapports d'isotopes. On signale aussi l'importance que prennent les rapports de teneur et d'isotopes. Cette évaluation forme la base du développement de cycles pour l'hélium, le néon et l'argon.

Literatur

Aldrich, L. T.; Nier, A. C.: The occurrence of He-3 in natural sources of helium. — Phys. rev., **74** (1948), S. 1590—1594, (engl.).

Alvarez, L. W.; Cornog, R.: Helium and hydrogen of mass 3. — Phys. rev., **56** (1939), S. 613, (1939a), (engl.).

Alvarez, L. W.; Cornog, R.: He^3 in helium. — Phys. rev., **56** (1939), S. 379, (1939b), (engl.).

Anders, E.; Heymann, D.; Mazor, E.: Isotopic composition of primordial helium in carbonaceous chondrites. — Geochim. Cosmochim. Acta, London **34** (1970), S. 127—132, (engl.).

Anufriev, G. S.; Boltonkov, V. N.; Gartmanov, V. N.; Il'jasov, E. I.; Kogarov, G. E.; Mamyrin, B. A.; Pavlov, V. P.; Chabarin, L. V.: Izotopnyj sostav gelija, neona i argona v lunnom grunte. In: Thesen des 4. Symposiums über die Geochemie stabiler Isotope. — Moskva: 1972, (russ.).

Armstrong, R. L.: K—Ar-dating of plutonic and volcanic rocks in orogenic belts. In: Schaeffer; Zähringer: Potassium Ar-Dating. — Berlin, Heidelberg: Springer-Verl. 1966. S. 117—134, (engl.).

Aškinadze, G. S.; Šukoljukov, J. A.; Šarif-Zade, V. B.: Migracija stabil'nych izotopov neona v mineralach. In: Thesen des 4. Symposiums über die Geochemie stabiler Isotope. — Moskva: 1972, (russ.).

Auer, S.; Barn, H. J.; Zähringer, J.: Die Edelgasisotope der Hauptbestandteile zweier Steinmeteorite. — Z. Naturforsch., Göttingen **20a** (1965) 1, S. 156—157.

Baskov, E. A.; Šurikov, S. N.: Izotopnyj sostav termal'nych vod i gazov oblastej sovremennogo vulkanizma tichookeanskogo podviznogo pojasa v svjazi s voprosami ich genezisa. In: Thesen des 4. Symposiums über die Geochemie stabiler Isotope. — Moskva: 1972, (russ.).

Baskov, E. A.; Betštejn, V. E.; Maljuk, G. A.; Mišnina, T. A.; Šurikov, S. N.; Tolstichin, I. N.: Nekotorye voprosy formirovanija prirodnych vod i gazov Kurilo-Kamčatskoj vulkaničeskoj oblasti po dannym izučenija rjada stabil'nych izotopov. In: Thesen des 3. Symposiums über die Anwendung stabiler Isotope in der Geochemie. — Moskva: 1970, (russ.).

Bennett, G. A.; Manuel, O. K.: Xenon in natural gases. — Geochim. Cosmochim. Acta, London **34** (1970), S. 593ff., (engl.).

Benson, B. B.: Some thoughts on gases dissolved in the oceans. In: Symposium on Marine Geochemistry 1965 — Nr. 3, Proceedings of a Symposium held at the University of Rhode Island, 29.—30. Oct. 1964. — Rhode Island: 1964, (engl.).

Benson, B. B.; Parker, P. D. M.: Relations among the solubilities of nitrogen, argon and oxygen in distilled water and sea water. — J. phys. Chem., **65** (1961), S. 1489ff., (engl.).

Bieri, R.: Dissolved noble gases in marine waters. — Earth and planet. sci. letters, Amsterdam **10** (1971) 3, S. 329—333, (engl.).

Bieri, R.; Koide, M.; Goldenberg, E.: Noble gases in sea water. — Science, London **146** (1964) 3647, S. 1035—1037, (engl.).

Bieri, R.; Koide, M.; Goldberg, E.: The noble gas contents of pacific seawaters. — J. geophys. res., Richmond **71** (1966) 22, S. 5243—5265, (engl.).

Bieri, R.; Koide, M.; Goldberg, E.: Noble gas contents of marine waters. — Earth and planet. sci. letters, Amsterdam **4** (1968) 5, S. 329—340, (engl.).

Birkenfeld, H.; Haase, G.; Zahn, H.: Massenspektrometrische Isotopenanalyse. — Berlin: VEB deutsch. Verl. Wiss. 1969.

Black, D. C.: Trapped helium-neon isotopic correlations in gas-rich meteorites and carbonaceous chondrites. — Geochim. Cosmochim. Acta, London **34** (1970), S. 132—140, (engl.).

BLACK, D. C.: On the origins of trapped helium, neon and argon isotopic variations in meteorites-I, Gas-rich meteorites, lunar soil and breccia. — Geochim. Cosmochim. Acta, London **36** (1972), S. 347—375, (engl.).

BRANDT, S. B.; KOVALENKO, V. I.; LAPIDES, I. L.; SMIRNOV, V. N.; VOLKOVA, V.: The distribution of radiogenic gases in the regions of exocontacts of intrusions and in contact zones of some minerals being in paragenetic equilibrium. In: Origin and distribution of the elements. — London: Pergamon Press 1962, (engl.).

BRANDT, S. B.; PLJUSNIN, G. S.; SMIRNOV, V. N.; POPOLITOV, E. I.; VOLKOVA, N. V.; GODVENSKIJ, G. P.: Gelij-argonovye otnošenija v priloženii k geochimičeskim i tectoničeskim processam. In: Ėžegodnik porabotam 1970 g. inst. geochimii Sib. otd. Akad. nauk SSR. — Irkutsk: 1971. S. 269—275, (russ.).

BREGUNOV, V. S.; VLASOVA, L. S.; GAVRILOV, E. J.; SOJFER, V. N.; TEPLINSKIJ, G. I.; TANEEV, R. N.: Izučenie osobennostej vodoobmena Amu-Dar'inskogo artesianskogo analiza vodoroda prirodnych vod i argona prirodnych gazov. In: Thesen des 3. Symposiums über die Anwendung stabiler Isotope in der Geochemie. — Moskva: 1970, (russ.).

BRUNEE, C.; VOSHAGE, H.: Massenspektrometrie. — München: Verl. Karl Thiemig KG 1964.

BÜHLER, F.; BERNHARDT, P.; GEISS, J.; MEISTER, I.; SIGNER, P.: Apollo 11 solar wind composition experiment: First results. — Science, London **166** (1969), S. 1502ff., (engl.).

ČERDYNCEV, V. V.; KOLESNIKOV, E. M.: Argon drevnich osadočnych porod. — Geochimija, Moskva (1964) 9, S. 849—855, (russ.).

ČERDYNCEV, V. V.; KOLESNIKOV, E. M.: Argon drevnej atmosfery v mineralach osadočnych porod. — Dokl. Akad. nauk SSSR, Moskva **165** (1965) 6, (russ.).

ČERDYNCEV, V. V.; ŠITOV, J. V.: Izbytok Ar^{36} v vulkaničeskich i postvulkaničeskich gazach SSSR. — Geochimija, Moskva (1967) 5, S. 618—620, (russ.).

ČERDYNCEV, V. V.; ŠITOV, J. V.; LIZARSKAJA, I. V.: Izotopnyj sostav argona vulkaničeskich gazov SSSR. — Dokl. Akad. nauk SSSR, Moskva **172** (1967) 5, (russ.).

ČEREPENNIKOV, A. A.: Opredelenie koefficientov rastvorimosti gazov v vodnych rastvorach solej. — Dokl. XVI naučn. konfer. lisi, Leningrad (1958), (russ.).

CHLOPIN, V. G.: K geochimii gelija. — Dokl. Akad. nauk SSSR, Moskva **3** (1934) 5, (russ.).

CHLOPIN, V. G.; GERLING, E. K.: Novye dannye o geochimii inertnych ili blagorodnych gazov. — Dokl. Akad. nauk SSSR, Moskva **61** (1943), (russ.).

CLARKE, W. B.; CRAIG, H.; BEG, M. A.: Excess He^3 in the sea. — Earth and planet. sci. letters, Amsterdam **6** (1969), S. 213ff., (engl.).

CRAIG, H.; WEISS, R. F.; CLARKE, W. B.: Dissolved gases in the equatorial and south Pacific ocean. — J. geophys. res., Richmond **72** (1967), S. 6165ff., (engl.).

DAMON, P. E.; KULP, Y. L.: Excess helium and argon in beryl and other minerals. — Amer. miner., Menasha **43** (1958) 5/6, S. 433—459, (engl.).

D'ANS, J.; LAX, E.: Taschenbuch für Chemiker und Physiker. — Berlin: Springer-Verl. 1943.

DEWIRC, A. L.; KAMENSKIJ, I. L.; TOLSTICHIN, I. N.: He- und H^3-Isotope in vulkanischen Quellen. — Dokl. Akad. nauk SSSR, Moskva **176** (1971) 2, (russ.).

DMITRIEV, A. N.; DOIL'NICIN, E. F.; KLJAROVSKIJ, V. M.; PERCEVA, A. P.: Ispolzovanie azota v kačestve vnutrennogo standarta pri opredelenii količestva radiogennogo argona. — Geochimija, Moskva (1967) 5, (russ.).

DONCOVA, E. I.: Informacija ob issledovanijach v oblasti izotopnoj geologij. — Geochimija, Moskva (1967) 5, S. 641—646, (russ.).

DOSTAL, K. P.: Fehler bei der Präzisionsisotopenanalyse von Gasen mit dem MS M 86. — Z. angew. Geol., Berlin **17** (1971) 9, S. 374—381.

ELINSON, M. M.: Primenenie gazovoj s'emki pri poiskach i razvedke rudnych mestoroždenij. — Geochim. met. pri poisk. razved. rudn. mestorožd., Moskva **5** (1971), S. 85—100, (russ.).

EMERSON, D. E.; STROUD, L.; MEYER, T. C.: The isotopic abundance of neon from heliumbearing natural gases. — Geochim. Cosmochim. Acta, London **30** (1966) 9, (engl.).

ENGELHARDT, G. W.: Der Porenraum der Sedimente. — Berlin, Heidelberg: Springer-Verl. 1954.

EREMEEV, A. N.; ERŠOV, A. D.; JANICKIJ, I. N.: Nekotorye aspekty gelievoj s'emki pri strukturnogeologičeskom kartirovanii i prognoze endogennogo orudenenija. — Geochim. met. pri poisk. razved. rudn. mestorožd., Moskva **5** (1971), S. 49—65, (russ.).

ERNST, W.: Verteilung und Herkunft von Bodengasen in einigen süddeutschen Störungszonen. — Erdöl Kohle, Hamburg **21** (1968), S. 10, 11.

Espe, W.: Werkstoffkunde der Hochvakuumtechnik, Bd. 1. — Berlin: VEB deutsch. Verl. Wiss. 1960.

Evernden, J. F.; Curtis, G. M.; Kistler, R. W.; Obradovich, J.: Argon diffusion in glauconite, microcline, sanidine, leucite and phlogopite. — Amer. j. sci., New Haven **258** (1960), S. 583 bis 604, (engl.).

Fanale, F. P.; Cannon, W. A.: Origin of planetary primordial rare gas: the possible role of adsorption. — Geochim. Cosmochim. Acta, London **36** (1972), S. 319—325, (engl.).

Fastovskij: Inertnye gazy. — Moskva: Atomizdat 1964, (russ.).

Fechtig, H.; Kalbitzer, S.: The diffusion of argon in potassium-bearing solids. In: Schaeffer; Zähringer: Potassium Ar-Dating. — Berlin, Heidelberg: Springer-Verl. 1966. S. 68—107, (engl.).

Fechtig, H.; Gentner, W.; Kalbitzer, S.: Argonbestimmungen an Kaliummineralen — IV. Messungen zu den verschiedenen Arten der Argondiffusion. — Geochim. Cosmochim. Acta, London **25** (1961), S. 297—311.

Fechtig, H.; Gentner, W.; Zähringer, J.: Argonbestimmungen an Kaliummineralen — VII. Diffusionsverluste von Argon in Mineralen und ihre Auswirkung auf die Kalium—Argon-Altersbestimmung. — Geochim. Cosmochim. Acta, London **19** (1960), S. 70—79.

Ferrara, G.; Gonfiantini, R.; Pistoia, P.: Isotopic composition of argon from steam jets of Tuscany. — Consiglio Nazionale Delle Ricerche Nuclear Geology on geothermal Areal. Spoleto Sept. 9th—13th, (engl.).

Finkel'štejn, D. N.: Inertnye gazy. In: Naučn.-popul. ser. M. — Moskva: izd. Akad. nauk SSSR, (russ.).

Fisher, D. E.: Incorporation of Ar in East Pacific basalts. — Ref. in ref. žurn., Moskva (1971) 3, (russ.).

— Excess gases in a subaerial basalt from Nigeria. — Ref. in ref. žurn., Moskva (1972) 4, (russ.).

Florenskij, K. P.: O sootnošenijach inertnych gazov i azota v prirodnych gazach. — Geochimija, Moskva (1956) 3, S. 33—41, (1956a), (russ.).

— Klassifikacija prirodnych gazov po priznakam, diagnostirajuščim ich proischoždenie. — Geochimija, Moskva (1956) 8, S. 55—64, (1956b), (russ.).

Funkhouser, I. G.; Schaeffer, O. A.; Bogard, D. D.; Zähringer, J.: Gas analysis of the lunar surface. — Science, London **167** (1970) 3918, S. 561ff., (engl.).

Gavrilov, E. J.; Grinenko, V. A.; Žirov, J. A.; Karpov, A. C.; Teplinskij, G. I.: Izotopnyj sostav ugleroda, sery i argona v gazach. Orenburgskogo gazokondensatnogo mestoroždenija. In: Thesen des 3. Symposiums über die Anwendung stabiler Isotope in der Geochemie. — Moskva: 1970, (russ.).

Gavrilov, E. J.; Korzenštejn, V. N.; Spevak, J. A.; Teplinskij, G. I.; Filin, A. S.: Ob izotopnom sostave argona v rastvorennych gazach podzemnych vod i v zaležach uglevodorodov Vostočnocj i Central'nogo Prekavkaz'ja. — Geochimija, Moskva (1967) 5, S. 608—617, (russ.).

Gemp, S. D.; Soldatova, K. S.; Nesmelova, V. N.; Lagunova, I. A.: Ob izotoponom sostave gelija i argona gazov grjazevych vulkanov. In: Thesen des 4. Symposiums über die Geochemie stabiler Isotope. — Moskva: 1972, (russ.).

Gerling, E. K.; Levskij, L. K.: Proischoždenie inertnych gazov v kamennych meteoritach. — Dokl. Akad. nauk SSSR, Moskva **110** (1956) 5, (russ.).

Gerling, E. K.; Morozova, I. M.: Determination of the activation energy for the release of argon and helium from minerals. — Geochemistry, London **12** (1962), S. 1254—1273, (engl.).

Gerling, E. K.; Levskij, L. K.; Morozova, I. M.: K vopros o diffuzii radiogennogo argona iz mineralov. — Geochimija, Moskva (1963) 6, S. 539—543, (russ.).

Gerling, E. K.; Morozova, I. M.; Kurbatov, V. V.: O sochranosti radiogennogo argona v izmelčennych kalijsoderžaščich mineralach. — Geochimija, Moskva (1960) 1, S. 39—48, (russ.).

Gerling, E. K.; Petrov, B. V.; Kol'cova, G. V.: Sravnitel'noe izučenie energii aktivacii rudelenija argona i energii degidratacii v amfibolach i biotitach. — Geochimija, Moskva (1966) 4, S. 379—389, (russ.).

Gerling, E. K.; Sprincson, V. D.; Morozova, I. M.: O rasprostranennosti izbytočnogo Ar^{40} v mineralach ščeločnych intrusij. — Geochimija, Moskva (1972) 9, S. 1095—1102, (russ.).

Gerling, E. K.; Mamyrin, B. A.; Tolstichin, I. N.; Jakovleva, S. S.: Izotopnyj sostav gelija v nekotorych gornych porodach. — Geochimija, Moskva (1971) 10, S. 1209—1217, (russ.).

Gerling, E. K.; Tolstichin, I. N.; Prasolov, E. M.; Jakovleva, S. S.; Šarkov, E. N.: Izotopy gelija i argona v porodach, gazovych vključenijach i svobodnych gazach g. Sopča-(Monče-Tundra). In: Thesen des 4. Symposiums über die Geochemie stabiler Isotope. — Moskva: 1972, (russ.).

Gerling, E. K.; Tolstichin, I. N.; Šukoljukov, J. A.; Nesmelova, Z. N.; Azbel, I. J.; Izotopy argona i gelij v prirodnych uglevodorodnych gazach. — Geochimija, Moskva (1967) 5, S. 608 bis 617, (russ.).

Gerling, E. K.; Morozova, I. M.; Šukoljukov, J. A.; Maslenikov, V. A.; Levčenikov, O. A.; Matveeva, I. I.; Vas'kovskij, D. P.: Ob izbytočnom soderžanii Ar^{40} v chlorite. — Geochimija, Moskva (1967) 10, S. 1035—1044, (russ.).

Ginzburg, A. I.; Panteleev, A. I.: K probleme izbytočnogo argona v berillach. — Geochimija, Moskva (1971) 10, S. 1218—1227, (russ.).

Glebovskaja, V. S.; Tafeev, G. P.; Mamyrin, B. A.; Dobrjakov, A. A.; Zotikova, M. G.; Borisik, L. M.: Izotopnye otnošenija gelija v prirodnych obrasovanijach i ich ispolzovanie dlja resenija nekotorych geologičeskich zadač. In: Thesen des 3. Symposiums über die Anwendung stabiler Isotope in der Geochemie. — Moskva: 1970, (russ.).

Gnauk, G.: Die Reindarstellung von Edelgasen unter Anwendung tiefer Temperaturen. — Kältetechnik, wiss. betriebstechn. Beil. Z. Die Technik (1958).

Golubev, V. S.; Osipov, J. G.; Janickij, I. N.: Nekotorye osobennosti migracii gelija v proničaemych sistemach verchnej časti zemnoj kory. — Geochimija, Moskva (1970) 11, S. 1341 bis 1348, (russ.).

Gordon, J. F.: The escape of helium from the earth's atmosphere. — Rev. Geophys., **1** (1963) 3, (engl.).

Gorškov, G. V.; Zjabkin, V. A.; Letkovskaja, N. M.; Cvetkov, O. S.: Estestvennyj nejtronnyj fon atmosfery i zemnoj kory. — Moskva: Atomizdat 1966, (russ.).

Grubner, O.; Jiru, P.; Ralek, M.: Molekularsiebe. — Berlin: VEB deutsch. Verl. Wiss. 1968.

Hahn, O.; Born, H. J.: Die Deutung des He-Vorkommens in nicht-strahlenden Mineralen. — Forsch. Fortschr., Berlin **11** (1935) 33, S. 424.

Heyman, P.; Yanin, P.; Adams, A.; Fryer, G. E.: Inert gases in lunar samples. — Science, London **167** (1970) 3918, S. 555, (engl.).

Hintenbergen, H.; Schultz, L.; Wänke, H.: Messung der Diffusionsverluste von radiogenen und spallogenen Edelgasen in Steinmeteoriten II. — Z. Naturforsch., Göttingen **21a** (1966) 7, S. 1147—1159.

Hoering, T. C.; Moore, H. E.; Azot, neon, argon, kripton i ksenon v prirodnom gaze. In: Thesen des geochemischen Symposiums auf dem 5. Welterdölkongreß. — Moskva: 1960, (russ.).

Hoppe, R.: Die Chemie der Edelgase. — Berlin, Heidelberg: Springer-Verl. 1965.

Hunecke, J. C.; Podosek, F. A.; Burnett, D. S.; Wasserburg, G. J.: Rare gas studies of the galactic cosmic ray irradiation history of lunar rocks. — Geochim. Cosmochim. Acta, London **36** (1972), S. 269—301, (engl.).

Hurley, P. M.; Heezen, B. C.; Pinson, W. H.; Fairbairn, H. W.: K—Ar age values in pelagic sediments of the North Atlantic. — Geochim. Cosmochim. Acta, London **27** (1963), S. 393—399, (engl.).

Jaeckel, R.: Kleinste Drucke — ihre Messung und Erzeugung. — Berlin, Göttingen, Heidelberg: Springer-Verl. 1950.

Jakuceni, V. P.: Zakonomernosti formirovanija zaležej gelienosnych gazov. — Moskva: izd. Gostoptechizdat 1963, (russ.).

— Geologija gelija. — Leningrad: izd. Nedra 1968, (russ.).

Jakuceni, V. P.; Voronov, A. N.; Machmudov, A. Ch.; Tichomirova, V. G.: Zakonomernosti raspredelenija v osadočnoj tolšče i uslovija formirovanija ego promyslennych skoplenij. — Geochimija, Moskva (1969) 2, S. 192—200, (russ.).

Javrilov, E. J.; Danov, A. V.; Smachtina, A. M.; Teplinskij, G. I.: Izotopnyj sostav argona iz zalezej ugle vodorodov Kaganskogo podnjatija Bucharo—Chibinskoj neftegazonosnoj oblasti. — Geochimija, Moskva (1968) 7, (russ.).

Jeffrey; Anders: Blagorodnye gazy v nekotorych meteoritnych mineralach. — Geochimija, Moskva (1972) 3, S. 379, (russ.).

Kalbitzer, S.: Experimente zur Edelgasdiffusion in Alkalihalogenid-Einkristallen. — Z. Naturforsch., Göttingen **17** (1962), S. 1071—1081.

KAMENSKIJ, I. L.; JAKUCENI, V. P.; MAMYRIN, B. A.; ANUFRIEV, S. G.; TOLSTICHIN, I. N.: Izotopy gelija v priroda. – Geochimija, Moskva (1971) 8, S. 914–931, (russ.).

KARCEV, A. A.: Gidrogeologija neftjanych i gasovych mestoroždenij. – Moskva: Gosud. naučno-technič. izd. neft. gornotop. literat., (1963), (russ.).

KARLIK, B.: Der Heliumgehalt von Steinsalz und Sylvin. – Mikrochimica Acta, **27** (1939), S. 216–230.

KARPINSKAJA, T. B.; ŠANIN, L. L.; BORISEVIČ, I. V.: Iskustvennoje vnedrenie argona v sljudu, olivin i piroksen. – Izv. Akad. nauk SSSR, ser. geol., Moskva (1965) 11, S. 14–16, (russ.).

KAUTER, K.: Zum Rohstoff Helium. – Z. angew. Geol., Berlin **8** (1962) 7.

KAZAKOV, G. A.; TEPLINSKIJ, G. I.: O vnedrenii argona v kristalličeskuju rešetku glaukonita. – Geochimija, Moskva (1966) 2, S. 146–151, (russ.).

KHUTSAIDZE, A. L.: Experimental investigation of diffusion of radiogenic argon in feldspars and micas. – Geochemistry, London **11** (1962), S. 1063–1068, (engl.).

KIRSTEN, T.: Edelgasisotope in Meteoriten. – Heidelberg, Max-Planck-Inst. Kernphysik, Dipl.-Arb., 1961.

KIRSTEN, T.; KRANKOWSKY, D.; ZÄHRINGER, J.: Edelgas- und Kalium-Bestimmungen an einer größeren Zahl von Steinmeteoriten. – Geochim. Cosmochim. Acta, London **27** (1963) 1, S. 13ff.

KLECZKOWSKI, A. S.; WITOZAK, S.; ZIELIŃSKI, E.: An attempt to determine the absolute age of the carboniferous brines of the Coal-Mine „Silesia“ (Upper Silesia). – Bull. l'acad. polon. sci. ser. sci. géol. et géogr., Warszawa **XVI** (1968) 1, S. 27–40, (engl.).

KÖNIG, H.: Über die Löslichkeit der Edelgase im Meerwasser. – Z. Naturforsch., Göttingen **18a** (1963) 3, S. 363–367.

KRAVCOV, A. I.; FRIDMAN, A. L.; PLOTNIKOV, I. A.: O primenenii gazovoj s'emki v kačestve odnogo iz geochimičeskich metodov pri poiskach rudnych mestoroždenij i resenii otdel'nych geologičeskich zadač. – Geochim. met. pri poisk. razved. rudn. mestorožd., Moskva **5** (1971), S. 66–85, (russ.).

KUŠKO, L. M.; ZVEREV, I. D.: O radiogennom proischoždenii argona v sostave prirodnogo neftjanogo gaza. – Geol. nefti i gaza, Moskva (1962) 9, (russ.).

KUZ'MIN, A. N.: Retention of argon in microcline. – Geochemistry, London **5** (1961), S. 485–487, (engl.).

LAUBMEYER, G.: Eine neue geophysikalische Schürfmethode, insbesondere für Kohlenwasserstofflagerstätten. – Petroleum, **29** (1933) 18, S. 1–4.

LAUTERBACH, R.: Metallometrie des Radiums zur Aufsuchung verdeckter tektonischer Brüche. – Intern. Geol. Congr., Rep. XXIIIrd sess. Praha (1968). Proc. sect. 5.

LEVSKIJ, L. K.: Kosmogene Isotope in 42 Fragmenten des Sichote-Alin-Meteoriten. – Geochimija, Moskva (1971) 8, (russ.).

– Izotopnyj sostav pervičnogo argona. – Geochimija, Moskva (1972) 6, S. 707–712, (russ.).

LEVSKIJ, L. K.; APRUB, S. V.: Diffuzija gelija, neona i argona iz meteoritov. – Geochimija, Moskva (1970) 10, S. 1243–1249, (russ.).

LIPPOLT, H. J.: Altersbestimmungen nach der K–Ar-Methode bei kleinen Argon- und Kaliumkonzentrationen. – Heidelberg, Ruprecht-Karl-Univ., Diss., 1961.

MAMYRIN, B. A.; ANUFRIEV, G. S.; KAMENSKIJ, I. L.; TOLSTICHIN, I. N.: Opredelenie izotopnogo sostava gelija v atmosfere. – Geochimija, Moskva (1970) 6, S. 721–730, (russ.).

MAMYRIN, B. A.; TOLSTICHIN, I. N.; ANUFRIEV, G. S.; KAMENSKIJ, I. L.: Anomalnyj izotopnyi sostav gelija v vulkaničeskich gazach. – Dokl. Akad. nauk SSSR, Moskva **184** (1969) 5, S. 1197–1199, (1969a), (russ.).

MAMYRIN, B. A.; TOLSTICHIN, I. N.; ANUFRIEV, G. S.; KAMENSKIJ, I. L.: Primenenie magnitnogo rezonansnogo masspektrometra dlja izotopnych analizov prirodnogo gelija. – Geochimija, Moskva (1969) 5, S. 595–602, (1969b), (russ.).

MAMYRIN, B. A.; TOLSTICHIN, I. N.; ANUFRIEV, G. S.; KAMENSKIJ, I. L.: Izotopnyj sostav gelija termal'nych istočnikov Islandii. – Geochimija, Moskva (1972) 11, S. 1396–1397, (russ.).

MAYER-GÜRR, A.: He-Entstehung und Vorkommen. – Verein deutsch. Ing., **84** (1940) 15, S. 245 bis 247.

MAYNE, K. J.: Terrestrial helium. – Geochim. Cosmochim. Acta, London **9** (1956), S. 174–182, (engl.).

MAZOR, E.; WASSERBURG, G. J.: Helium, neon, argon, krypton and xenon in gas emanationes from Yellowstone and Lassen volcanic National Parks. — Geochim. Cosmochim. Acta, London **29** (1965), S. 443—454, (engl.).

MAZOR, E.; ANDERS, E.; HEYMANN, D.: Edelgase in Chondriten. — Geochim. Cosmochim. Acta, London **34** (1970) 7, S. 127—132.

MEINHOLD, R.: Erkundung von Erdöl- und Erdgaslagerstätten. — Freiberg, Bergakad., Lehrbriefe zum Fernstudium 1970.

MILOVSKIJ, A. V.; VOLYNCEV, V. F.: O vzaimnych tendencijach v soderžanii azota i argona v porodach različnoj stepeni metamorfizma. — Geochimija, Moskva (1970) 9, S. 1118—1122, (russ.).

MÖNCH, CH.: Hochvakuumtechnik. — Berlin: VEB Verl. Technik 1961.

MORRISON, P.; PINE, J.: Radiogenic origin of the helium isotopes in rock. — New York Acad. Sci., New York **62** (1955) 3, S. 69ff., (engl.).

MÜLLER, G.: Methoden der Sedimentuntersuchung. — Stuttgart: E. Schweizerbart'sche Verlagsbuchh. (Nägele u. Obermiller) 1964.

MÜLLER, G.; GNAUK, G.: Reinste Gase. — Berlin: VEB deutsch. Verl. Wiss. 1965.

MURINA, G. A.; SPRINTSSON, V. D.: Retention of radiogenic argon in glauconites. — Geochemistry, London **5** (1961), S. 489—494, (engl.).

MUSIČENKO, I.; IVANOV, V. V.: Zakonomernosti raspredelenija gelija v zemnoj kore i ich značenie pri poiskach geochimičeskimi metodami mestoroždenij gaza, nefti i radioaktivnych elementov (metodičeskie rekomendacii). — VNIIJAGG, otd. nauč. techn. inform., Moskva (1970), (russ.).

NAJDENOV, B. M.; BOGOLEPOV, V. G.; POLYVJANNYJ, E. J.; ZACHARČENKO, A. I.: Povedenie izotopov argona v mineraloobrazujuščich rastvorach pegmatitov. — Geochimija, Moskva (1972) 6, S. 734—737, (russ.).

NESMELOVA, E. N.; SOLDATOVA, K. S.: O prirode argona v uglevodorodnych gazach. — Geochimija, Moskva (1967) 4, S. 452—460, (russ.).

NESMELOVA, E. N.; SOLDATOVA, K. S.: Osobennosti izotopnogo sostava nekotorych legkich elementov gazov Urupskogo medno kolčedannogo mestoroždenija. — Geochimija, Moskva (1970) 8, S. 1004—1008, (russ.).

NESMELOVA, E. N.; KAMENSKIJ, I. L.; LOBKOV, V. A.; SOLDATOVA, K. S.; TICHOMIROVA, V. G.: Kompleksnoje izučenie izotopov argona, gelija i uglerodа v gazach gazokondensatnych zaležej Zapadnogo Predkavkaz'ja. In: Thesen des 4. Symposiums über die Geochemie der stabilen Isotope. — Moskva: 1972, (russ.).

NEWTON, R.; ROUND, G. P.: The diffusion of the helium through sedimentary rocks. — Geochim. Cosmochim. Acta, London **22** (1961), (engl.).

NIKOLAEV, S. D.; KNORRE, K. G.; LEBEDEV, E. B.: Nekotorye zakonomernosti pogloščenija argona piroksenom pri povyšennych temperaturach in davlenijach. — Geochimija, Moskva (1972) 9, S. 1137—1141, (russ.).

NIKONOV, V. F.: Gesetzmäßigkeiten der Verbreitung von Helium und heliumhaltigen Gasen in den Sedimentkomplexen der Erdkruste. — Z. angew. Geol., Berlin **16** (1970) 7/8, S. 366—372.

OVČINNIKOV, L. N.; ŠUR, A. S.; SUNGUROVA, Z. N.; BYKOVA, M. I.: K charakteristike gazov, soderžaščichsja v rudach nekotorych mestoroždenij urala. — Geochim. met. pri poisk. razved. rudn. mestorožd., Moskva **5** (1971), S. 100—117, (russ.).

PEARCE, A. P.; GOTT, G. B.; MYTTON, J. W.: Uranium and helium in the Panhandle gas field Texas and adjacent areas. — U.S. Dep. of the Interior, geol. surv., prof. paper; U.S. gov. print. 8ff., Washington (1964), (engl.).

PENCHEV, N. P.; PIPEROV, N. B.: Participation of radiogenic neon in the formation of the earth's atmosphere. — Dokl. Bolgarskoj Akad. nauk, Sofia **23** (1970) 2, S. 197—200, (engl.).

PENCHEV, N. P.; PIPEROV, N. B.; LILOV, P.: Sur certains problèmes relatifs à la composition isotopique du néon et de l'argon dans les gaz naturels. — Dokl. Bolgarskoj Akad. nauk, Sofia **19** (1966) 7, S. 603—605, (franz.).

PEPIN, R. O.; SIGNER, P.: Primordial rare gases in meteorites. — Science, London **149** (1965), S. 253—256, (engl.).

PICARD, M. D.: Occurrence and origin of Mississippian gas in Fort Corners Region. — Bull. amer. ass. petrol. geol., Tulsa (Okla.) **49** (1962) 9, (engl.).

PILOT, J.: Isotopengeochemie. — Freiberger Forsch.-H., C, Leipzig 255 (1969).

PILOT, J.; BLANK, P.: K–Ar-Bestimmung von Salzgesteinen des Zechsteins. – Z. angew. Geol., Berlin **13** (1967) 11/12, S. 661–662.

PILOT, J.; RÖSLER, H. J.: Altersbestimmung von Kalisalzmineralen. – Naturwissenschaften, Heidelberg **18** (1967), S. 490.

PLJUSNIN, G. S.; VOLKOVA, N. V.; GODVINSKIJ, G. P.; SMIRNOV, V. N.; POPOLITOV, E. I.; BRANDT, S. B.: Zakonomernosti raspredelenija argona i gelija v kontaktovych oblastjach i zonach tektoničeskich narušenij. – Geochimija, Moskva (1972) 10, S. 1189–1196, (russ.).

PRASOLOV, E. M.: O prirode mineraloobrazujuščich fljuidov po dannym izučenija izotopov gelija i argona v gazovo-zidkich vključenijach v mineralach. In: Thesen des 4. Symposiums über die Geochemie stabiler Isotope. – Moskva: 1972, (russ.).

PRASOLOV, E. M.; TOLSTICHIN, I. N.: Izotopnyj sostav gelija i argona iz mikrovključenii v risčorrite. – Geochimija, Moskva (1969) 2, S. 231–234, (russ.).

PRASOLOV, E. M.; TOLSTICHIN, I. N.: Izotopnyj sostav gelija i argona iz mikrovključenij v kvarce. – Dokl. Akad. nauk SSSR, Moskva **191** (1970) 3, S. 653–655, (1970a), (russ.).

PRASOLOV, E. M.; TOLSTICHIN, I. N.: Izotopy gelija i argona v drevnejšich gazach Zemli. In: Thesen des 3. Symposiums über die Anwendung stabiler Isotope in der Geochemie. – Moskva: 1970 (1970b), (russ.).

PRASOLOV, E. M.; TOLSTICHIN, I. N.: K voprosu o proischoždenii izotopa He^3 v mikrovklučenijach sotovogo kvarca Volyni. – Geochimija, Moskva (1972) 6, S. 727–730, (russ.).

RANKAMA; SAHAMA: Geochemistry. – Chicago: 1950, (engl.).

RANKAMA; SAHAMA: Geochemistry. – Chicago: 1958, (engl.).

REMY, H.: Lehrbuch der Anorganischen Chemie. – Leipzig: Akad. Verl.-Ges. 1949.

RÖSLER, H. J.; LANGE, H.: Geochemische Tabellen. – Leipzig: VEB deutsch. Verl. Grundstoffind. 1965.

ŠARIF-ZADE, V. B.; ŠUKOLJUKOV, J. A.; GERLING, E. K.; AŠKINADZE, G. S.: Izotopy neona v radioaktivnych mineralach. – Geochimija, Moskva (1972) 3, S. 314–323, (russ.).

SARDAROV, S. S.: Preservation of radiogenic argon in glauconites. – Geochemistry, London **10** (1963), S. 937, (engl.).

SIGNER, P.; SUESS, H. E.: Rare gases in the sun, in the atmosphere, and in meteorites. – Earth Science Meteorites, (1963) chap. 13, S. 241–272, (engl.).

SMIRNOV, V. N.; GECHT, R. S.; BRANDT, S. B.: Blagorodnye gazy v chondrite „Kunašak". – Ežegodnik, sib. inst. geochim., Irkutsk (1971), (russ.).

SOKOLOV, V. A.: Die Gasvermessung. Eine direkte geochemische Methode zur Erdölerkundung. – Berlin: VEB Verl. Technik 1955.

– Geochimija gazov zemnoj kory. – Moskva: izd. Nedra 1966 (russ.).

– Theoretische Grundlagen der Bildung und Migration von Erdöl und Erdgas. In: Vorträge zu geochemischen und chemisch-physikalischen Problemen der Erdöl-Erdgas-Erkundung und -Förderung. Bd. I. – 1968, S. 15–42.

– Geochimija prirodnych gazov. – Moskva: izd. Nedra 1971, (russ.).

SOLDATOVA, K. S.; NESMELOVA, E. N.: Balans radiogennogo argona (Ar^{40}) v osadočnoj tolšče zemnoj kory. In: Thesen des 3. Symposiums über die Anwendung stabiler Isotope in der Geochemie. – Moskva: 1970, (russ.).

SOTNIKOV, V. I.; POLYVJANNYJ, E. J.; PROSKURJAKOV, A. A.: Izozopnyj sostav argona gazovo-židkich vključenij v mineralach Sorskogo mestoroždenija. In: Thesen des 4. Symposiums über die Geochemie stabiler Isotope. – Moskva: 1972, (russ.).

STORM, R.: Wahrscheinlichkeitsberechnung. Mathematische Statistik. Statistische Qualitätskontrolle. – Leipzig: VEB Fachbuchverl. 1969.

ŠUKOLJUKOV, J. A.: Delenie jader urana v prirode. – Moskva: Atomizdat 1970. S. 227–253, (russ.).

ŠUKOLJUKOV, J. A.; AŠKINADZE, G. S.: Kompleksnoe izučenie migracii gelija, argona, ksenona i kriptona v nekotorych mineralach. – Geochimija, Moskva (1967) 10, S. 1082–1087, (russ.).

ŠUKOLJUKOV, J. A.; ŠARIF-ZADE, V. B.: Variacii rasprostranennosti izotopov neona v prirodnych gazach. In: Thesen des 4. Symposiums über die Geochemie stabiler Isotope. – Moskva: 1972, (russ.).

ŠUKOLJUKOV, J. A.; TOLSTICHIN, J. N.: Ksenon, argon i gelij v neskol'kich prirodnych gazach. – Geochimija, Moskva (1965) 7, S. 801, (russ.).

ŠUKOLJUKOV, J. A.; TOLSTICHIN, J. N.: Ksenon, argon i gelij v nekotorych prirodnych gazach. — Geochimija, Moskva (1971) 10, (russ.).

ŠUKOLJUKOV, J. A.; TOLSTICHIN, I. N.; AŠKINADZE, G. S.: Izučenie kinetik vydelenija izotopov argona v svjazi s problemoj proischoždenija argona-38. — Geochimija, Moskva (1966) 8, (russ.).

THIERGÄRTNER, H.: Grundprobleme der statistischen Behandlung geochemischer Daten. — Freiberger Forsch.-H., C, Leipzig 237 (1968).

TICHOMIROV, V. V.; TICHOMIROVA, V. G.: Faktory, opredeljajuščie fonovuju gelienosnost' svobodnych gazovych skoplenij. — Geochimija, Moskva (1971) 12, S. 1503—1509, (russ.).

TOLSTICHIN, I. N.; KAMENSKIJ, I. L.; MAMYRIN, B. A.: Izotopnyj kriterij dlja izučenija proischoždenija prirodnogo delija. — Geochimija, Moskva (1969) 2, S. 201—204, (russ.).

TOLSTICHIN, I. N.; MAMYRIN, B. A.; CHABARIN, L. V.: Anomal'nyj izotopnyj sostav gelija v nekotorych ksenolitach. — Geochimija, Moskva (1971), S. 629—631, (russ.).

TOLSTICHIN, I. N.; ŠUKOLJUKOV, J. A.; VOJTOV, G. I.: Ob izotopnom sostave Ar, Xe v uglevodorodnych Chibinskogo massiva. — Zap. Leningr. gorn. inst., ser. geochim., Leningrad **LI** (1966) 2, (russ.).

TUGARINOV, A. I.; OSIPOV, J. G.: Gelienosnost' granitnych massivov Central'nogo Kazachstana. — Geochimija, Moskva (1972) 10, S. 1287—1291, (russ.).

TUREKIAN, K. K.: Degassing of argon and helium from the earth. In: The Origin and Evolution of Atmospheres and Oceans. — 1964, (engl.).

VINOGRADOV, A. P.: Vorläufige Daten über die von der automatischen Station „Luna 16" mitgebrachten Proben des Mondbodens. — Z. angew. Geol., Berlin **18** (1972) 4, S. 182—185.

VINOGRADOV, A. P.; ZADOROŽNYJ, I. K.: Koncentracija i izotopnyj sostav inertnych gazov v lunnom materiale. In: Thesen des 4. Symposiums über die Geochemie stabiler Isotope. — Moskva: 1972, (russ.).

VLŠNJAKOVA, G. J.; VORONOV, A. N.; PETROVSKAJA, N. L.: O koreljacionnoj svjazi meždu azotom i geliem v gazovych zaležach. — Dokl. Akad. nauk SSSR, Moskva **184** (1969), S. 698—699, (russ.).

VORONOV, A. N.: Zakonomernosti raspredelenija gelija v podzemnych vodach Russkoj platformy. — Izv. Akad. nauk SSSR, ser. geol., Moskva (1967) 12, S. 127—132, (russ.).

VORONOV, A. N.; PRASOLOV, E. M.: Ocenka točnosti opredelenija koncentracij radiogennogo argona v prirodnych gazach. — Geochimija, Moskva (1971) 5, S. 620—624, (russ.).

VORONOV, A. N.; TICHOMIROV, E. M.: Analiz raspredelenija argona v plastovych vodach. — Geochimija, Moskva (1968) 1, S. 115—118, (russ.).

WASSERBURG, G. J.: Comments on the outgasing of the earth offprints from the origin and evolution of atmosphere and oceans. In: BRANCAZILO, P. J. & CAMERON, A. G. W. (Ed.). — 1964, (engl.).

WASSERBURG, G. J.; MAZOR, E.; ZARTMAN, R. E.: Isotopic and chemical composition of some terrestrial natural gases. — Earth Science Meteorites, (1963), S. 219—240, (engl.).

WETHERILL, G. W.: Variations in the isotopic abundances of neon and argon from radioactive minerals. — Phys. rev., **96** (1954) 3, S. 679—683, (engl.).

— K—Ar-Dating of Precambrian Rocks. In: SCHAEFER & ZÄHRINGER (Ed.): Potassium Ar-Dating. — Berlin, Heidelberg: Springer-Verl. 1966. S. 68—107, (engl.).

ZADOROŽNYJ, I. K.: Nekotorye voprosy metodiki analiza ul'tramalych količesty inertnych gazov. In: Thesen des 4. Symposiums über die Geochemie stabiler Isotope. — Moskva: 1972, (russ.).

ZADOROŽNYJ, I. K.; FLORENSKIJ, K. P.; VOLYNEC, V. F.: Izotopy neona, argona, kriptona i ksenona v vulkaničeskich gazach. In: Thesen des 3. Symposiums über die Anwendung stabiler Isotope in der Geochemie — Moskva: 1970. S. 11, (russ.).

ZADOROŽNYJ, I. K.; VOLYNEC, V. E.: FLORENSKIJ, K. P.: Vlijanie meteornych vod na raspredelenie i izotopnyj sostav inertnych gazov vulkaničeskich eksgljacij. In: Thesen des 4. Symposiums über die Geochemie stabiler Isotope. — Moskva: 1972, (russ.).

ZÄHRINGER, J.: Isotopieeffekt und Häufigkeit der Edelgase in Steinmeteoriten und auf der Erde. — Z. Naturforsch., Göttingen **17a** (1962), S. 460ff.

— Rare gases in stony meteorites. — Geochim. Cosmochim. Acta, London **32** (1968), S. 209—237, (engl.).

ZÄHRINGER, J.; GENTNER, W.: Uredelgase in einigen Steinmeteoriten. — Z. Naturforsch., Göttingen **15a** (1960) 7, S. 600—602.

ZARTMAN, R. E.; WASSERBURG, G. J.; REYNOLDS, J. H.: Helium, argon and carbon in some natural gases. – J. geophys. res., Richmond **66** (1961) 1, S. 277–306, (engl.).

ŽIROV, K. K.; KRAVČENKO, M. P.: Ob izbytočnom argone v nekotorych mineralach. – Geochimija, Moskva (1970) 11, S. 1349–1356, (russ.).

ŽIROV, K. K.; KRAVČENKO, M. P.; PLATANENKO, A. G.: Izbytočnyj Ar^{40} v nefeline. – Geochimija, Moskva (1968) 3, S. 381–382, (russ.).

Anlage 1. Die wichtigsten physiko-chemischen Kenndaten der Edelgase

Kritische Daten	He	Ne	Ar	Kr	Xe	H_2
Atom- bzw. Molekulargewicht bezogen auf ^{12}C	4,003[c] 4,0026[b]	20,183[c,b]	39,944[c] 39,948[b]	83,80[c,b]	131,30[c,b]	2,016[d]
Atomdurchmesser in Å	2,7[c]	2,8[c]	3,2[c]	3,6[c]	4,05[c]	
Dichte g/l bei 0 °C	0,17847[c] 0,1785[d]	0,89994[c] 0,90[a]	1,78403[c] 1,78[a]	3,7493[c] 3,708[a]	5,8971[c] 5,85[a]	0,08987[d]
relatives Gewicht zur Luft	0,1381[c]	0,695[c]	1,3799[c]	2,89[c]	4,51[c]	0,0695[e]
Schmelzpunkt bei 760 Torr °C	−272,1[b] (25 atm) −272,6[a] (26 atm)	−248,6[b] −248,67[a]	−189,3[b] −189,2[a]	−157,1[b] −156,6[a]	−111,8[b] −112[a]	−259,1[e]
Siedepunkt bei 760 Torr*) °C	−268,93[b] −268,94[c] −268,9[a]	−245,98[b] −245,9[a] −246,0[c]	−185,90[b] −185,7[a] −185,9[c]	−153,2[b] −152,0[c] −152,9[a]	−108,1[b] −108,8[c] −107,1[a]	−252,8[e]
Temperatur °C*)	−267,9[c] −267,9[b]	−228,7[c,b]	−120[c] −122,4[b]	−62,5[c] −63,8[b]	+16,6[c] +16,6[b]	−240[f]
Druck at*)	2,26[c,b]	26,9[c,b]	50,0[c] 48,0[b]	54,3[c] 54,2[b]	58,2[c,b]	12,8[f]
Dichte g/cm^3	0,069[c]	0,4[c]	0,4[c]	0,7[c]	0,9[c]	0,031[f]
Löslichkeit bei 1 at	in Wasser in cm^3/cm^3					
bei 0 °C	0,0099[e,f]	0,012[e,f]	0,051[e,f]	0,110[e,f]	0,24[c] 0,242[f]	0,021[e,f]
bei 20 °C	0,00927[f]	0,0105[f]	0,035[f]	0,067[f]	0,123[f]	0,0018[f]
bei 40 °C	0,00885[f]	0,0091[f]	0,024[f]	0,049[f]	0,082[f]	0,016[f]
bei 50 °C	0,0086[e]	0,008[e]	0,019[e]	0,045[e]	0,073[e]	0,016

Zusammenstellung der Daten: a – RÖSLER & LANGE (1965); b – Brockhaus, ABC Chemie (1969); c – JAKUCENI (1968);
*) kritische Daten

ŽIROV, K. K.; FUGZAN, M. M.; KRAVČENKO, M. P.; RJUNGENEN, G. L.; KRAVČENKO, E. V.: Endogennaja gazovaja atmosfera sul'fidnogo rudnogo prozessa. — Geol. rudn. mestorožd., Moskva 2 (1972), S. 23—39, (russ.).
ŽIROV, K. K.; KRAVČENKO, M. P.; KRAVČENKO, E. V.; PLATANENKO, A. G.; VOLKOVA, L. A.: Izbytočnyj argon v biotite. — Geochimija, Moskva (1968) 7, S. 866—869, (russ.).

Manuskripteingang: 19. März 1974

Anschrift der Autorin:
Dr. K. MAYER, DDR - 784 Senftenberg, Stralsunder Straße 8

und anderer natürlicher Gase

CH_4	N_2	C_2H_6	O_2	H_2S	CO_2	C_3H	nC_4H_{10}
16,042[c,d]	28,016[c,d]	30,068[d]	32,00[d]	34,076[d]	44,01[d]	44,09[g]	58,12[g]
0,714[c] 0,7168[d]	1,25[c] 1,2505[d]	1,356[d]	1,42895[d]	1,5392[d]	1,9768[d]	2,0037[d]	2,703[d]
1,038[c] 0,554[e]	0,967[c] 0,967[e]	1,049[e]	1,105[e]	1,175[e]	1,529[e]	1,554[e]	2,085[e]
−184,0[e]	−209,8[e]	−182,8[e]	−218,4[e]	−82,9[e]	−56,6[e] bei 5,2 kg/cm²	−189,0[e]	135,0[e]
−161,49[c]	−195,76[c]	−88,3[e]	−183,0[e]	−61,8[e]	−78,5[e]	−42,2[e]	−0,5[e]
−82,5[c]	−147[c]	32,1[f]	−118,8[f]	100,4[f]	31,1[f]	95,6[f]	153[f]
45,8[c]	33,49[c]	48,8[f]	49,7[f]	88,9[f]	73,0[f]	43,0[f]	36,0[f]
0,162[c]	0,311[c]	0,21	0,43[f]	—	0,46[f]	—	—
0,055[e,f]	0,023[e,f]	0,098[f] 0,080[e]	0,049[e,f]	2,67[f] 4,67[e]	1,71[e,f]	0,058[f] 0,050[e]	0,031[e]
0,033[f]	0,015[f]	0,047[f]	0,031[f]	2,58[f]	0,87[f]	0,037[f]	—
0,023[f]	0,012[f]	0,029[f]	—	1,66[f]	0,53[f]	0,025[f]	
0,021[e]	0,011[e]	—	0,021[e]	1,39[e]	0,44[e]	—	0,012[e]

d — D'ANS & LAX (1943); e — SOKOLOV (1971); f — SOKOLOV (1966); g — v. ENGELHARDT (1960)

Anlage 2. Löslichkeit einiger Gase in Süßwasser bei verschiedenen pT-Bedingungen

Temperatur in °C / Druck in at		0°	*)	10°	*)	20°	*)	25°	*)	40°	*)	50°	*)	60°	*)	75°	*)	100°	*)	120°	*)	140°	*)
He	1	0,0099	[2][1]			0,00927	[1]			0,0085		10,0086	[4]					0,012	[3]	0,014	[3]	0,017	[3]
	25	0,2322	[4]					0,2156	[4]			0,2225	[4]			0,2442	[4]						
	50	0,4674	[4]					0,4332	[4]			0,4445	[4]			0,4892	[4]						
	100	0,9240	[4]					0,8491	[4]			0,8827	[4]			0,9699	[4]						
	200	1,807	[4]					1,688	[4]			1,734	[4]			1,907	[4]						
	300	2,643	[4]					2,478	[4]			2,552	[4]			2,805	[4]						
	400	3,436	[4]					3,241	[4]			3,358	[4]			3,666	[4]						
	500	4,196	[4]					3,975	[4]			4,114	[4]			4,489	[4]						
	600	4,916	[4]					4,681	[4]			4,844	[4]			5,277	[4]						
	1000	7,421	[4]					7,263	[4]			7,536	[4]			8,251	[4]						
Ne	1	0,0105	[2][1]			0,0105	[1]			0,0091	[1]	0,008	[2]										
Ar	1	0,051	[2][1]			0,035	[1]			0,024	[1]	0,019	[2]										
	49							1,43	[5]														
	50			1,74	[4]			1,43	[4]			1,10	[4]										
	98			3,38	[5]			2,56	[5]			1,96	[5]										
	100			3,46	[4]			2,60	[4]			2,00	[4]										
	195			5,70	[5]			4,42	[5]			3,47	[5]										
	200			5,82	[4]			4,52	[4]			3,56	[4]										
	291			7,25	[5]			5,83	[5]			4,67	[5]										
	300			7,42	[4]			5,97	[4]			4,80	[4]										
	400							7,20	[4]			5,90	[4]										
	485							8,03	[5]			6,62	[5]										
	500							8,20	[4]			6,80	[4]										
	600							9,10	[4]			7,60	[4]										
	678							9,75	[5]			8,06	[5]										
	700							9,90	[4]			8,20	[4]										
Kr	1	0,11				0,067	[1]			0,049	[1]	0,045	[2]										
Xe	1	0,24	[2][1]			0,123	[1]			0,082	[1]	0,073	[2]										
		0,242																					

N_2	1	0,023	[1][2]	0,16	[6]																
				0,015	[1]			0,012	[1]	0,011	[2]										
	50					0,674	[1]			0,533	[1]					0,516	[1]				
						0,348	[7]			0,29	[2]			0,247	[7]	0,2	[7]				
	100					1,264	[1]			1,011	[1]					0,986	[1]				
						0,674	[7]			0,56	[7]			0,494	[7]	0,533	[7]				
	200					2,257	[1]			1,830	[1]					1,822	[1]				
						1,264	[7]			1,011	[7]			0,946	[7]	0,986	[7]				
	300					2,257	[7]			1,830	[7]			1,732	[7]	1,822	[7]				
	400					3,750	[1]			3,125	[1]					3,171	[1]				
						3,061	[7]			2,53	[7]			2,413	[7]	2,546	[7]				
	500					3,74	[7]			3,12	[7]			2,96	[7]	3,789	[7]				
	600					4,44	[7]			3,72	[7]			3,58	[7]	3,79	[7]				
	700					5,15	[7]			4,43	[2]			4,27	[7]	4,53	[7]				
	1000					7,15	[1]			6,12	[1]					6,25	[1]				
CH_4	1	0,055	[2][6]	0,033	[1][6]			0,023	[1]	0,021	[2]										
	25					0,755	[7]			0,586	[7]			0,468	[7]	0,459	[7]	0,46		0,65	[1]
	50					1,375	[7]									0,900	[7]			1,24	[1]
										1,053	[7]	0,93	[1]	0,910	[7]	0,840	[1]	0,89		1,24	[1]
	100					2,317	[7]			1,884	[7]	1,70	[1]	1,633	[7]	1,660	[7]	1,69	[7]	2,39	[1]
																1,580	[1]			2,39	[7]
	200					3,530	[7]			2,898		2,75	[1]	2,620	[7]	2,71	[7]	2,96	[7]	4,10	[1]
																2,71	[1]			4,10	[7]
	300					4,355	[7]			3,665	[7]			3,568	[7]	3,382	[7]	3,95	[7]	5,42	[7]
	400					4,990				4,336		4,17	[1]	4,037	[7]	4,224	[7]	4,72	[7]	6,70	[1]
																4,181	[1]			6,70	[1]
	500									4,835				4,539	[7]	4,756	[7]	5,30	[7]	7,83	[7]
	600									5,290		5,04	[1]	4,977	[7]	5,248	[7]	5,84	[7]	8,60	[1]
																5,181				8,60	[7]
O_2	1	0,049	[2][1]	0,031	[1]			0,023	[1]	0,021	[2]										
				0,031	[6]																

Anlage 2. (Fortsetzung)

Temperatur in °C / Druck in at		0°	*)	10°	*)	20°	*)	25°	*)	40°	*)	50°	*)	60°	*)	75°	*)	100°	*)	120°	*)	140°	*)
CO_2	1	1,71	[2][1]			0,87	[6]			0,53	[1]	0,44	[2]										
						0,87	[1]																
H_2S	1	2,67	[1]			2,58	[1]			1,66	[1]	1,39	[2]										
		4,67	[2]																				
H_2	1	0,021	[2][1]			0,0018	[1]			0,016	[1]	0,016	[2]										
	50							0,867	[1]			0,809	[1]					0,911	[1]				
	100							1,728	[1]			1,612	[1]					1,805	[1]				
	200							3,39	[1]			3,16	[1]					3,54	[1]				
	400							6,57	[1]			6,16	[1]					6,84	[1]				
	1000							15,20	[1]			14,40	[1]					15,77	[1]				
C_2H_6	1	0,098	[1]			0,047	[1]			0,029	[1]	0,024	[5]										
		0,088	[5]			0,047	[6]																
	50													0,75	[1]			0,69	[1]			1,04	[1]
	100													0,93	[1]			0,99	[1]			1,64	[1]
	200													1,08	[1]			1,31	[1]			2,33	[1]
	400													1,25	[1]			1,55	[1]			2,95	[1]
	600													1,37	[1]			1,75	[1]			3,35	[1]
Propan	1	0,058	[1]			0,ß37	[6)			0,025	[1]	0,013	[2]										
		0,050	[5]			0,037	[1]																
	500													0,27	[1]			0,35	[1]			0,49	[1]
	100													0,28	[1]			0,38	[1]			0,49	[1]
	200													0,29	[1]			0,41	[1]			0,72	[1]
Butan	1					0,036	[6]																
n-Butan	1	0,031	[2][1]									0,012	[2]										

*) Autor; [1] SOKOLOV (1966); [2] SOKOLOV (1971); [3] NAMIOT u. a. (1961) aus JAKUCENI (1968); [4] NAMIOT (1963) aus JAKUCENI (1968); [5] NAMIOT u. a. (1962) aus JAKUCENI (1968); [6] JEGOROVA aus SOKOLOV (1955); [7] MIŠNINA u. a. (1961) aus JAKUCENI (1968)

Anlage 3. Diffusionskonstanten D von Gasen in verschiedenen Medien

Diffundierendes Gas	Diffusionsmedium	Druck [Torr]	Temperatur [°K]	D [$cm^2 \cdot s^{-1}$]	Quelle
He	He	760	14,4	0,0124	Fastovskij u. a. (1964)
			19,6	0,0199	Fastovskij u. a. (1964)
			64,8	0,147	Fastovskij u. a. (1964)
			76,1	0,187	Fastovskij u. a. (1964)
			192,0	0,843	Fastovskij u. a. (1964)
			296,0	1,68	Fastovskij u. a. (1964)
			298,2	1,7	Fastovskij u. a. aus Jakuceni (1968)
Ne	Ne	760	77,7	0,0492	Fastovskij u. a. (1964)
			194,7	0,255	Fastovskij u. a. (1964)
			273,2	0,452	Fastovskij u. a. (1964)
			298,2	0,516	Fastovskij u. a. (1964)
			353,2	0,703	Fastovskij u. a. (1964)
Ar	Ar	760	77,7	0,0134	Fastovskij u. a. (1964)
			90,2	0,0180	Fastovskij u. a. (1964)
			194,7	0,0830	Fastovskij u. a. (1964)
			273,2	0,156	Fastovskij u. a. (1964)
			295,2	0,180	Fastovskij u. a. (1964)
			326,7	0,212	Fastovskij u. a. (1964)
			353,2	0,249	Fastovskij u. a. (1964)
			298,2	0,2	Fastovskij u. a. aus Jakuceni (1968)
Kr	Kr	760	199,0	0,045	Fastovskij u. a. (1964)
			273,0	0,079	Fastovskij u. a. (1964)
			293,0	0,093	Fastovskij u. a. (1964)
			373,0	0,140	Fastovskij u. a. (1964)
			474,0	0,214	Fastovskij u. a. (1964)
Xe	Xe	760	194,7	0,0257	Fastovskij u. a. (1964)
			273,2	0,048	Fastovskij u. a. (1964)
			203,0	0,0493	Fastovskij u. a. (1964)
			300,0	0,0576	Fastovskij u. a. (1964)
			329,0	0,0684	Fastovskij u. a. (1964)
			378,0	0,090	Fastovskij u. a. (1964)

Anlage 3. (Fortsetzung)

Diffundierendes Gas	Diffusionsmedium	Druck [Torr]	Temperatur [°K]	D [$cm^2 \cdot s^{-1}$]	Quelle
He	Ar	760	273,0	0,640	FASTOVSKIJ u. a. (1964)
			288,0	0,701	FASTOVSKIJ u. a. (1964)
			318,0	0,825	FASTOVSKIJ u. a. (1964)
			354,0	0,979	FASTOVSKIJ u. a. (1964)
			418,0	1,398	FASTOVSKIJ u. a. (1964)
He	Xe	760	273,0	0,501	FASTOVSKIJ u. a. (1964)
			288,0	0,550	FASTOVSKIJ u. a. (1964)
			303,0	0,604	FASTOVSKIJ u. a. (1964)
			318,0	0,665	FASTOVSKIJ u. a. (1964)
Ne	Ar	760	90,0	0,036	FASTOVSKIJ u. a. (1964)
			194,5	0,159	FASTOVSKIJ u. a. (1964)
			273,0	0,276	FASTOVSKIJ u. a. (1964)
			288,0	0,300	FASTOVSKIJ u. a. (1964)
			318,0	0,357	FASTOVSKIJ u. a. (1964)
			353,0	0,442	FASTOVSKIJ u. a. (1964)
			473,0	0,738	FASTOVSKIJ u. a. (1964)
Ne	Kr	760	273,0	0,223	FASTOVSKIJ u. a. (1964)
			288,0	0,240	FASTOVSKIJ u. a. (1964)
			318,0	0,284	FASTOVSKIJ u. a. (1964)
Ar	Kr	760	273,0	0,126	FASTOVSKIJ u. a. (1964)
			288,0	0,128	FASTOVSKIJ u. a. (1964)
			353,0	0,197	FASTOVSKIJ u. a. (1964)
			373,0	0,216	FASTOVSKIJ u. a. (1964)
			473,0	0,327	FASTOVSKIJ u. a. (1964)
Ar	Xe	760	194,7	0,0508	FASTOVSKIJ u. a. (1964)
			273,2	0,0962	FASTOVSKIJ u. a. (1964)
			303,0	0,114	FASTOVSKIJ u. a. (1964)
			329,0	0,1366	FASTOVSKIJ u. a. (1964)
			378,0	0,1759	FASTOVSKIJ u. a. (1964)

H_2	H_2	760	298,2	1,3	Fastovskij u. a. (1964) aus Jakuceni (1968)
N_2	N_2	760	298,2	0,2	Fastovskij u. a. (1964) aus Jakuceni (1968)
CO_2	CO_2	760	298,2	0,1	Fastovskij u. a. (1964) aus Jakuceni (1968)
Ar	He	751	288,2	0,703	Dan's & Lax (1943)
He	N_2	760	273,2	0,7	Present (1949), Putilov (1959) aus Jakuceni (1968)
H_2	N_2	760	273,2	0,67	Present (1949), Putilov (1959) aus Jakuceni (1968)
O_2	N_2	760	273,2	0,18	Present (1949), Putilov (1959) aus Jakuceni (1968)
CH_4	Luft		NTP	0,23	Sokolov (1956), Putilov (1959) aus Jakuceni (1968)
C_2H_6	Luft		NTP	0,18	Sokolov (1956), Putilov (1959) aus Jakuceni (1968)
Propan	Luft		NTP	0,14	Sokolov (1956), Putilov (1959) aus Jakuceni (1968)
CO_2	Luft		NTP	0,14	Sokolov (1956), Putilov (1959) aus Jakuceni (1968)
O_2	Luft		NTP	0,17	Sokolov (1956), Putilov (1959) aus Jakuceni (1968)
H_2	Luft		NTP	0,61	Sokolov (1956), Putilov (1959) aus Jakuceni (1968)
He	Luft		NTP	$\sim 0{,}65$	Sokolov (1956), Putilov (1959) aus Jakuceni (1968)
	Gesteine				
Gase allgemein	feuchte Tone		NTP	$10^{-6}-10^{-7}$	Sokolov (1950) aus Sokolov (1966)
Gase allgemein	verschiedene Gesteine		NTP	$10^{-3}-10^{-7}$ und $<$	Antonov (1954, 1958, 1962) aus Sokolov (1966)
Gase allgemein	dichte Gesteine		NTP		Antonov (1954, 1958, 1962) aus Sokolov (1966)
Gase allgemein	(Argillit, Quarzsandsteine, Kalke)		NTP	$10^{-8}-10^{-9}$	Sokolov (1966)
	Minerale + Glas				
He	Quarz	760	293	$(0{,}024-0{,}055)\cdot 10^{-8}$	Berrer (1948) aus Jakuceni (1968)
He	Quarz	760	773	$(0{,}17-0{,}14)\cdot 10^{-6}$	Berrer (1948) aus Jakuceni (1968)
H_2	Quarz	760	773	$(0{,}006-0{,}011)\cdot 10^{-6}$	Berrer (1948) aus Jakuceni (1968)
He	Sylvin	760	313	$2{,}0\cdot 10^{-19}$	
He	reines NaCl	760	353	$4{,}0\cdot 10^{-17}$	Rankama (1963) aus Jakuceni (1968)
He	55% NaCl und 45% KCl	760	313	$3{,}2\cdot 10^{-19}$	Rankama (1963) aus Jakuceni (1968)
He	Glas	760	473	$0{,}0045\cdot 10^{-8}$	Rankama (1963) aus Jakuceni (1968)
He	Glas	760	773	$0{,}002\cdot 10^{-6}$	Rankama (1963) aus Jakuceni (1968)
He	Glas	760	473	$(0{,}05-0{,}08)\cdot 10^{-8}$	Rankama (1963) aus Jakuceni (1968)
He	gefärbter Halit	760	298	$3{,}0\cdot 10^{-15}$	Rankama (1963) aus Jakuceni (1968)
Ar	KCl-Einkristall	760	~ 353	Volumendiffusion $10^{-21\pm1}$	Fechtig & Kalbitzer (1966)
	Glimmer				
Ar	Lepidolith und Phlogopit	760	293	10^{-29}	Evernden u. a. (1960) aus Fechtig & Kalbitzer (1966)
	Glaukonit		293	10^{-29}	Evernden u. a. (1960) aus Fechtig & Kalbitzer (1966)
	Margarit		293	10^{-30}	Fechtig u. a. (1960) aus Fechtig & Kalbitzer (1966)

Anlage 3. (Fortsetzung)

Diffundierendes Gas	Diffusionsmedium	Druck [Torr]	Temperatur [°K]	D [$cm^2 \cdot s^{-1}$]		Quelle
	Feldspäte					
	Feldspat		293	10^{-22}		Fechtig u. a. (1960)
	Feldspat		300	$\sim 10^{-19}$		Reynolds (1957) aus Fechtig & Kalbitzer (1966)
	Mikroklin		300	$\sim 10^{-26}$		Evernden u. a. (1960) aus Fechtig & Kalbitzer (1966)
	Anorthit		300	$< 10^{-30}$		Fechtig u. a. (1960) aus Fechtig & Kalbitzer (1966)
	Feldspat		298	$1{,}3 \cdot 10^{-72}$*)		Amirkhanov, Brandt & Bartniskij (1959c) aus Fechtig & Kalbitzer (1966)
	Feldspat		298	$7{,}4 \cdot 10^{-28}$**)		Amirkhanov, Brandt & Bartniskij (1959c) aus Fechtig & Kalbitzer (1966)
	Mikroklin		298	10^{-20}		Baadsgaard u. a. (1961) aus Fechtig & Kalbitzer (1966)
	Sanidin		298	10^{-38}		
	Pyroxen		298	$4 \cdot 10^{-55}$		Amirkhanov, Bartinskij, Brandt & Voitkevich aus Fechtig & Kalbitzer (1966)
	Leucit		273	10^{-33}		Evernden u. a. (1960) aus Fechtig & Kalbitzer (1966)
	Sylvin (rot)		300	10^{-30}		Amirkhanov u. a. (1959b) aus Fechtig & Kalbitzer (1966)
	Sylvin (rosa)		300	10^{-30}		Amirkhanov u. a. (1959b) aus Fechtig & Kalbitzer (1966)
	Sylvin synthetisch		293	10^{-26}		Kalbitzer (1962) aus Fechtig & Kalbitzer (1966)
	Sylvin		313	10^{-19}		Pilot & Rösler (1967)
	Langbeinit		413	10^{-34}		Pilot & Rösler (1967)
	Salze		311	$1{,}5 \cdot 10^{-19}$		Lippolt (1961)
				Volumendiffusion	Nichtvolumendiffusion	
	Moldavit		293	$8 \cdot 10^{-27}$	$< 8 \cdot 10^{-27}$	Fechtig u. a. (1961)
	Sanidin		293	$3 \cdot 10^{-31}$	$< 3 \cdot 10^{-21}$	Fechtig u. a. (1961)
	Phonolith		293	$< 1 \cdot 10^{-30}$	$2 \cdot 10^{-22}$	Fechtig u. a. (1961)
	Augit		293	$< 1 \cdot 10^{-30}$	$1 \cdot 10^{-23}$	Fechtig u. a. (1961)
	Flußspat		293	$< 1 \cdot 10^{-30}$	$5 \cdot 10^{-23}$	Fechtig u. a. (1960)
	Anorthit		293	$< 1 \cdot 10^{-30}$	$2 \cdot 10^{-23}$	Fechtig u. a. (1960)
	Margarit		293	$< 1 \cdot 10^{-30}$	$3 \cdot 10^{-25}$	Fechtig u. a. (1960)
	Sylvin, synthetischer		293	$< 5 \cdot 10^{-27}$	$1 \cdot 10^{-20}$	Fechtig u. a. (1961)

Schriftenr. geol. Wiss. · Berlin 8 (1977) · S. 79–99

Lamprophyre Ostthüringens und ihre anomalen Quecksilbergehalte im Ergebnis endogener und exogener Anreicherungsprozesse

Von PETER BEUGE; WOLFGANG KRAMER, Freiberg

Mit 12 Abbildungen und 5 Tabellen

1. VORWORT

In der Betrachtungsweise der Entstehung von Erzlagerstätten zeichnete sich im Verlauf unseres Jahrhunderts zunächst sehr deutlich eine Tendenz der Trennung von endogener und exogener Genese ab. Dementgegen wird in den letzten Jahren immer häufiger auf die Bedeutung des Zusammenwirkens von Prozessen im magmatischen und sedimentären Bereich für die Anreicherung und Fixierung von Metallen hingewiesen.

Neue Ergebnisse der geochemischen Untersuchung von Alaunschiefern des Silurs und der Lamprophyrintrusionen des Ostthüringischen Schiefergebirges sollen im vorliegenden Beitrag in diesem Sinne hinsichtlich des Verhaltens von Quecksilber im Zusammenhang ausgewertet werden. Es wird dabei vom Gesamtchemismus der Lamprophyre und von deren Gefügecharakteristik ausgegangen.

2. GEOLOGISCH-TEKTONISCHE POSITION DER LAMPROPHYRE DES OSTTHÜRINGISCHEN SCHIEFERGEBIRGES

Die Lamprophyrintrusionen sind – soweit feststellbar – gangförmig und dezimeter- bis metermächtig. Sie lassen sich tiefreichenden Bruchzonen zuordnen.

Sehr zahlreich werden Kersantite im Bereich der herzynen Gotha–Saalfeld–Leutenberg-Störungszone und auf deren parallel laufenden Störungen angetroffen. Die Kersantitgänge von Saalburg, Schleiz und Großdraxdorf liegen an der Nordwestflanke des Bergaer Sattels. In der Meltheuer-Mulde, unmittelbar südöstlich des Bergaer Sattels bei Elsterberg, kommen Minetten vor (s. Abb. 11). Damit sind Gesteine von der Nordabdachung des Fichtelgebirges, d. h. des locus typicus der Lamprophyre (GÜMBEL 1874) erfaßt, die vor allem durch PÖHLMANN (1885) einer gründlichen petrographischen Bearbeitung unterzogen wurden.

Die Nebengesteine der Lamprophyre sind vorherrschend Tonschiefer des Ordoviziums und Unterkarbons, in einigen Fällen unterkarbonischer Kalkstein sowie der Henneberg-Granit, der zu den postkinematischen variszischen Intrusionen gehört.

Durch die Intrusion von Lamprophyren in den Henneberg-Granit und infolge der komagmatischen Beziehungen mit Effusivgesteinen des Zwickauer Beckens (vgl. Abschn. 3.2.1.) wird eine zeitliche Einordnung der Kersantite und Minetten Ostthüringens in das Unterrotliegende gerechtfertigt. Damit gehört dieser Magmatismus in das frühkratonale Stadium des variszischen Orogens, in dem bei gleichzeitiger Mobilität von sialischen Substraten basische Schmelzen auf tiefreichenden Störungen gefördert werden konnten (KRAMER 1976).

Hinsichtlich der folgenden Darstellungen sollen hier noch einige konkrete Angaben zur geologisch-räumlichen Position der Lamprophyre im Gebiet Greiz—Elsterberg gemacht werden.

1. Diese Gesteine intrudierten an der Nordwest- bzw. Südostflanke des Bergaer Sattels, dessen Hauptetappe der Heraushebung mit der sudetischen Phase (HEMPEL 1963) abgeschlossen wurde.
2. Sie erstarrten dort in Unterkarbon-Sedimenten, nachdem sie den ca. 2 km tiefer liegenden Bereich silurischer Alaunschiefer und des Ockerkalks sowie karbonatische Ablagerungen des Devons passiert hatten.

3. SUBSTANTIELLE CHARAKTERISTIK DER KERSANTITE UND MINETTEN OSTTHÜRINGENS

Die in diesem Beitrag behandelten Magmatite werden der folgenden Definition gerecht, bei der stoffliche Aspekte im Vordergrund stehen: Lamprophyre sind intermediäre bis basische, meist alkali-, insbesondere kaliumbetonte, P_2O_5-, BaO- und an Fluid [(OH), CO_2, F] reiche Gesteine in Form von Gängen und Stöcken, die Phänokristalle, mithin Frühausscheidungen, von hydroxylhaltigen Magnesiumminerale (Amphibol, Dunkelglimmer) mit meist ausgeprägter Idiomorphie führen. Zur Abgrenzung gegenüber gangförmigen Basalten sind relativ hohe Gehalte an granitophilen Mikroelementen wie Rb, Zr und Li zu berücksichtigen.

3.1. Mineralbestand und Gefüge

Neben den genannten Phänokristallen treten häufig Pyroxen und mitunter Olivin auf, letzterer ist stets pseudomorphosiert.

Je nach der Zugehörigkeit zu den Kersantiten oder Minetten sind in der Matrix überwiegend Plagioklas oder Kalifeldspat neben oft sehr beachtlichem Quarzanteil anzutreffen.

Häufigste Umwandlungsminerale bzw. Minerale der Spätausscheidung sind Chlorit, Calcit und ein farbloser Amphibol der Aktinolith-Reihe. Die Umwandlungsparagenesen finden sich in den Pseudomorphosen, auf Klüftchen, in Ocelli, Mandeln und Miarolen.

Besonders weitgehende Karbonatisierung und Chloritisierung weisen die Lamprophyre an den Flanken des Bergaer Sattels auf. Für Lamprophyrvorkommen im Untersuchungsgebiet sind in höherem Maße als für solche im östlich anschließenden

Bereich der Fichtelgebirgisch-Erzgebirgischen Antiklinalzone Besonderheiten im Verteilungs- und Richtungsgefüge von herausragender Bedeutung.

Es handelt sich hierbei insbesondere um Schlieren, Miarolen und verschiedene zentrische Gefüge. Die letzteren sind schon oft Diskussionsgegenstand gewesen, unter anderem in Arbeiten von ROSENBUSCH (1896), CARSTENS (1959), NĚMEC (1970), VELDE (1971) und POPOV (1972).

Folgende Erscheinungsformen wurden gefunden:

1. Miraolen, d. h. mineralisierte, unregelmäßig begrenzte Hohlräume, die nicht immer vollkommen ausgefüllt sind und mitunter idiomorphe Ausscheidungen von Epidot, Pyrit und anderen Mineralen enthalten.

Beispiel: Kersantit vom Henneberg.

2. Variolen vorwiegend aus Feldspat, teilweise in sphärolithischer Ausbildung.

Beispiele: Kugelminette von Cunsdorf (Abb. 1 und 2),
Kugelkersantit von Saaldorf (Abb. 3).

In substantieller Hinsicht ähnlich sind unregelmäßig begrenzte Feldspataggregate mit ebenfalls teilweise sphärolithischem Aufbau.

Beispiel: Kersantit von Großdraxdorf (Abb. 4).

Vergleichbare Gefügeausbildung und Zusammensetzung wie das in Abb. 1 und 2 gezeigte Gestein hat eine von VELDE (1971) beschriebene Minette aus den Roches Voisines.

3. Ocelli (Globuli), rundliche Gebilde, die vollkommen vor allem von Feldspäten, Quarz, Aktinolith und Chlorit ausgefüllt sind, wobei häufig eines der genannten Minerale vorherrscht. Charakteristisch für Ocelli sind Säume, die aus den femischen Phänokristallen (Biotit, Amphibol und Pyroxen) bestehen.

Die Ausbildung des Mafitsaums deutet darauf hin, daß sich die Minerale der Ocelli unter Beiseitedrängen der Phänokristalle bereits bildeten, während die umgebende Matrix noch schmelzflüssig war (vgl. unter anderen NĚMEC 1970 und POPOV 1972).

Beispiel: Kersantit vom Henneberg (Abb. 5).

Nestartige Bildungen können die gleichen Merkmale aufweisen.

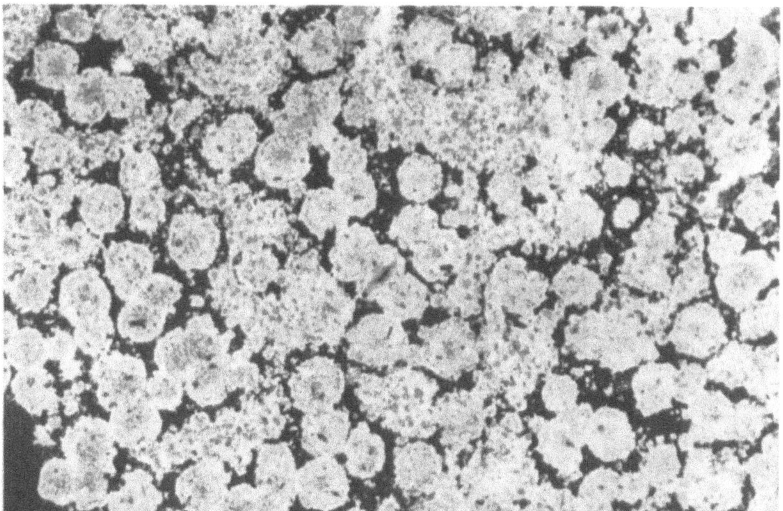

Abb. 1. Kugel-Minette, Cunsdorf bei Elsterberg

Die hellen (rötlichbraunen) Kügelchen, Variolen von vorherrschend Alkalifeldspat, sind von einem hellgrauen Karbonatsaum umgeben, der den Übergang zu einer (grün)schwarzen Matrix bildet. Großanschliff, Vergr. 1,2 ×

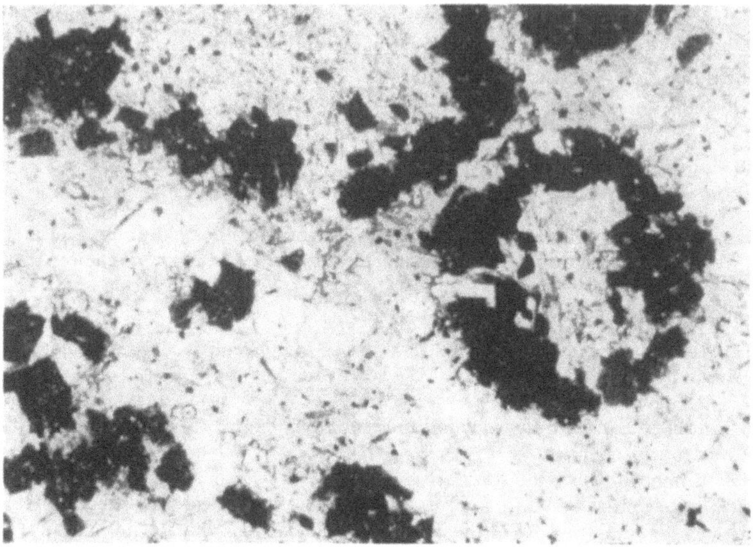

Abb. 2. Kugel-Minette (vgl. Abb. 1), Ausschnitt

Kleine Variolen (rechts) und Segmente großer Variolen (oben und links unten). Die dunklen Säume sind von Limonit pigmentiertes Karbonat (zum Teil rhomboedrischer Habitus). Zwischen den Variolen Chloritmatrix (grau) mit Biotit- und Pyroxeneinsprenglingen. Pyroxen (hellgrau) ist vollkommen pseudomorphosiert. Dünnschliff, Vergr. 30 ×, 1 Nic.

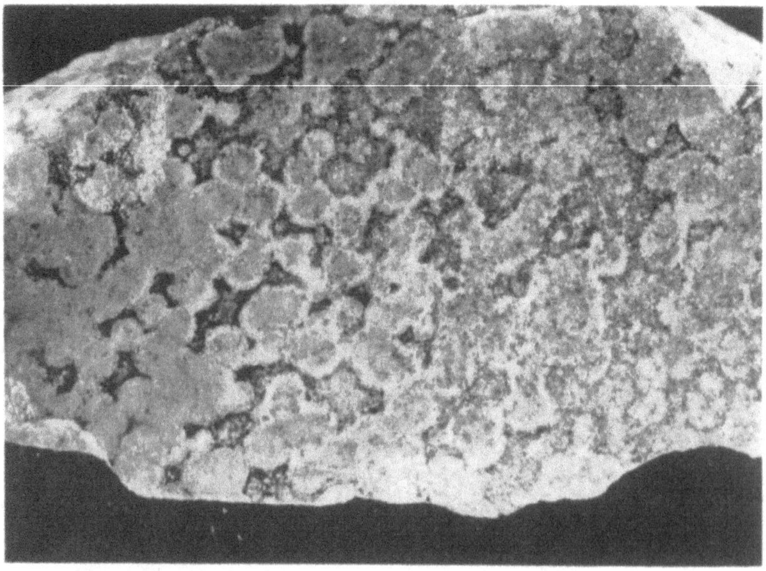

Abb. 3. Variolithischer Kersantit, Saaldorf

Großanschliff, nat. Größe

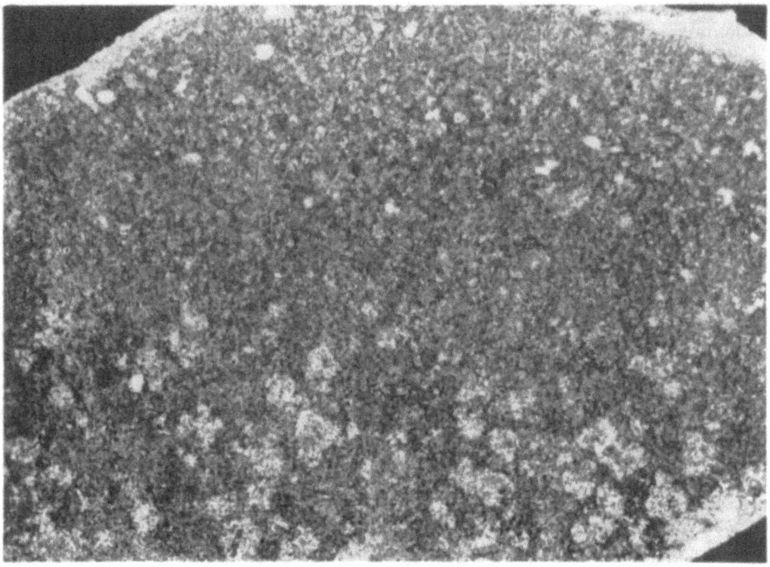

Abb. 4. Kersantit, Großdraxdorf bei Gera

Im oberen Bildteil treten (weiß) Calcitmandeln hervor. Die unregelmäßig begrenzten fleckigen Gebilde im unteren Teil der Abb. sind von braunroter Farbe. Großanschliff, nat. Größe

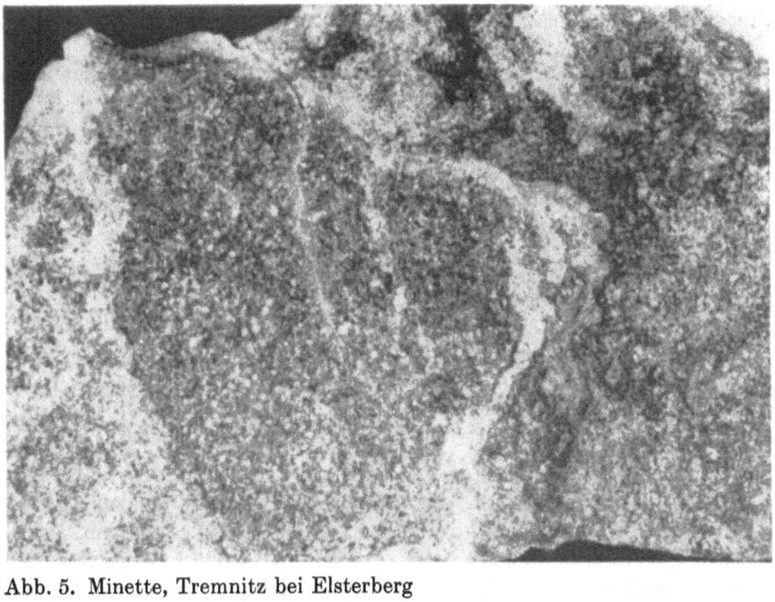

Abb. 5. Minette, Tremnitz bei Elsterberg

Braunrote Schlieren (hellgrau) wechseln mit schwarzgrünen Partien. Großanschliff, Vergr. 1,3 ×

4. Leukokrate Schlieren, die den Variolen in substantieller Hinsicht gleichen. Durch Ein- bzw. Abschnürung können an den Enden der Schlieren den Variolen ähnliche Gebilde entstehen. Beispiel: Minette von Tremnitz (Abb. 6).

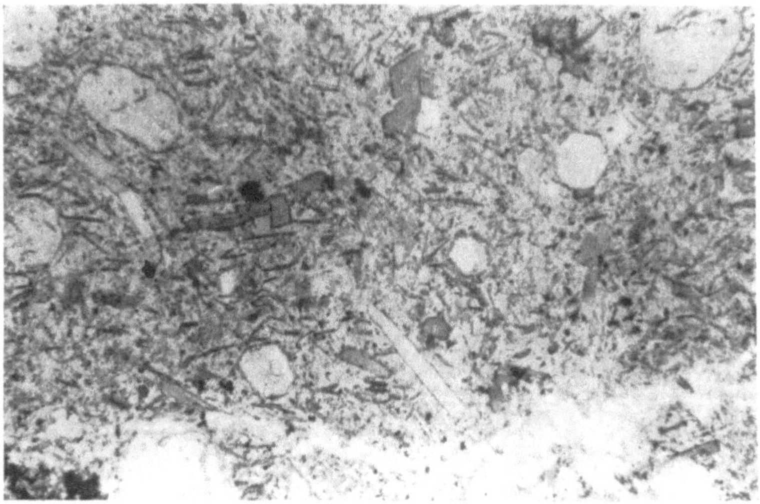

Abb. 6. Kersantit, Henneberg

Nebeneinander treten Feldspat (grau)- und Quarz-Feldspat (hellgrau)-Ocelli mit Biotitsaum auf. Dünnschliff, Vergr. 35 ×, 1 Nic.

3.2. Zum Chemismus

3.2.1. Mikro- und makrochemische Kurzcharakteristik

Einer übersichtlichen Darstellung des Chemismus der Lamprophyre des Ostthüringischen Schiefergebriges dienen die Diagramme in Abb. 7 und 8. Im Vektordiagramm (s. Pfeiffer 1974) erscheinen diese Gesteine im wesentlichen bei Si^{4+}-Werten zwischen 35 und 50, wie für basische Gesteine typisch. Der relativ flache Anstieg der Vektoren demonstriert ihren Alkalireichtum. Die Position der Kersantite und Minetten im Ni—Zr—Rb-Dreieck zwischen den Durchschnittswerten für Gabbros, Syenite und Granite ist ein Beleg für deren geochemische Besonderheit, sowohl an „basaltophilen" als auch „granitophilen" und „syenitophilen" Spurenelementen angereichert zu sein.

Wegen anomaler Hg-Gehalte gilt unsere Aufmerksamkeit vor allem den Lamprophyren im Raum Weida—Elsterberg, deren chemische Zusammensetzung ausführlicher in Tab. 1 wiedergegeben ist.

Bei allen Darstellungen werden insbesondere die Gefügeinhomogenitäten beachtet. Es zeigt sich, daß die Abweichungen der leukokraten Variolen, Schlieren und Gängchen sowie zum Teil der melanokraten Matrix vom Chemismus des Gesamtgesteins (Minette bzw. Kersantit) beträchtlich sind.

Aus der Tab. 1 ist zu erkennen, daß Variolen wie leukokrate Gängchen syenitischen Chemismus besitzen (erhöhte Si-, K-, Ba-, P- und Zr- sowie erniedrigte Mg- und Ni-Gehalte), wobei vor allem die Spurenelementgehalte stärker schwanken.

Bei der Gegenüberstellung des Kersantits von Großdraxdorf und der Matrix der Minette von Cunsdorf werden Verwandtschaftsbeziehungen deutlich. Diese melanokraten lamprophyrischen Bildungen haben basischen Chemismus.

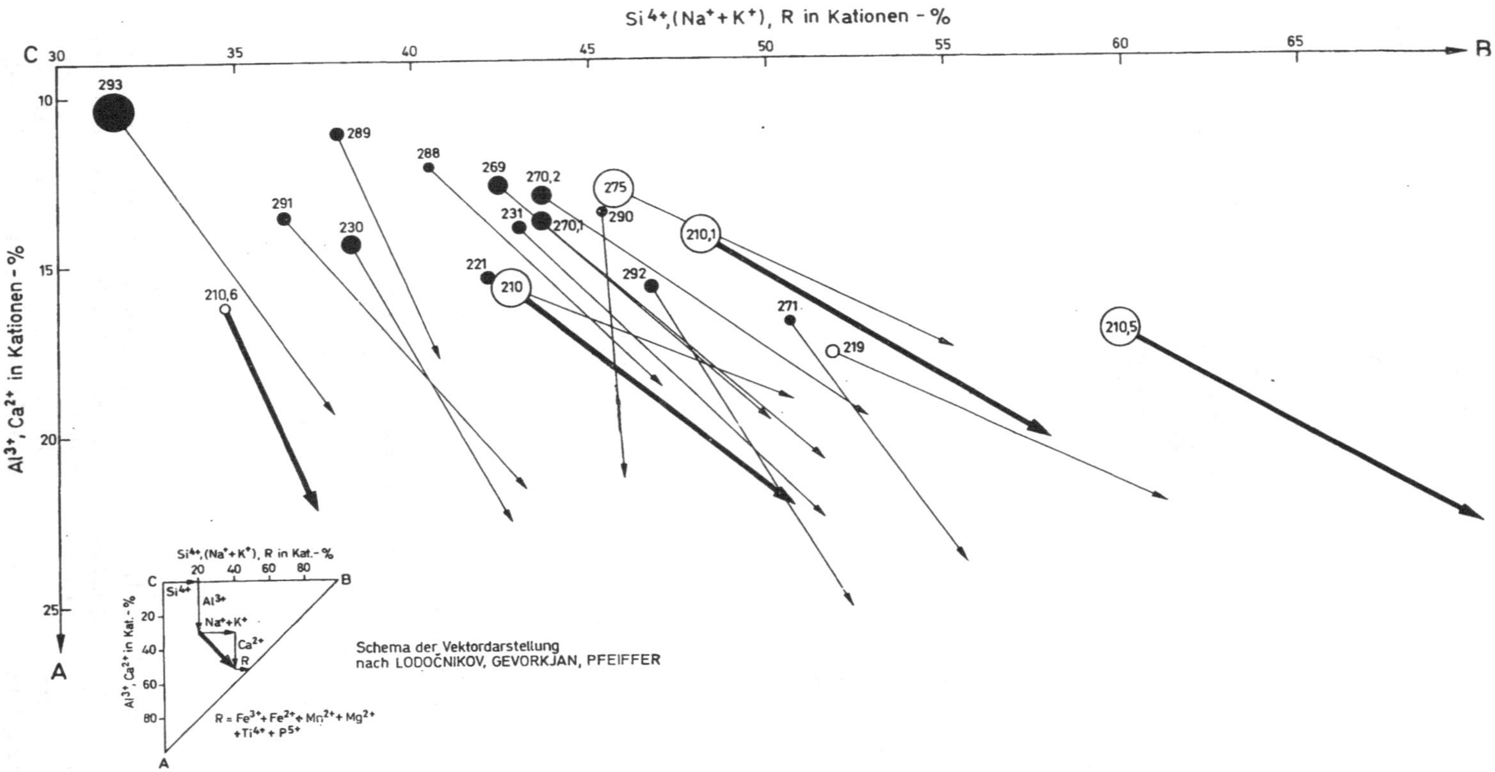

Abb. 7. Der Makrochemismus der Lamprophyre Ostthüringens in Vektordarstellung unter besonderer Berücksichtigung der Hg-Gehalte (Größe der Kreise am Vektoransatz). Legende s. Abb. 8

Hervorgehoben ist die Probe 210 (Kugelminette von Cunsdorf bei Elsterberg). 210,1 — syenitisches Gängchen; 210,5 — Sphärolithe; 210,6 — Matrix

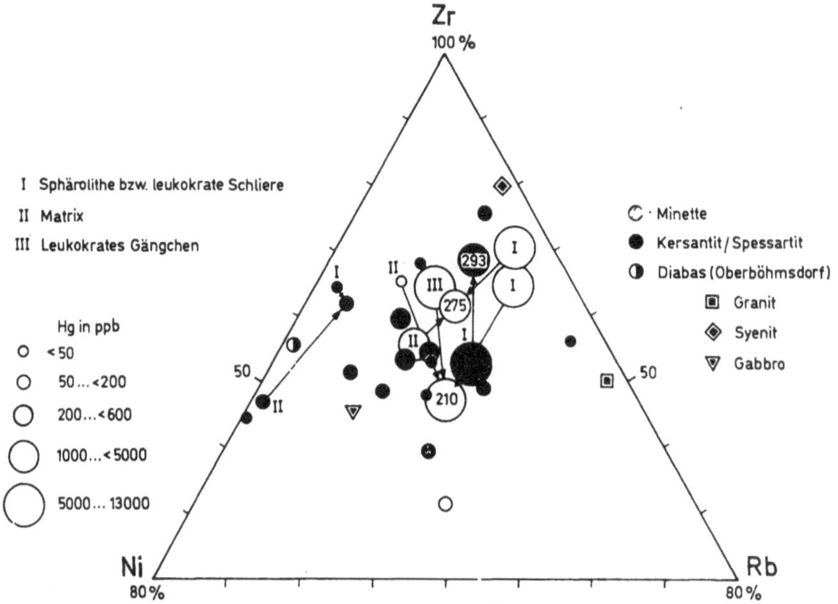

Abb. 8. Ni—Rb—Zr-Dreieckdiagramm der Lamprophyre Ostthüringens unter Berücksichtigung der Hg-Gehalte

Die Pfeile weisen jeweils von den Spezialproben (I—III) auf die Gesamtgesteinsprobe hin.
210 — Kugelminette von Cunsdorf; 275 — Minette von Tremnitz; 293 — Kersantit von Großdraxdorf

Dabei zeigen „basaltophile" (Mg, Ni, Cr) sowie „syenitophile" Elemente (K, P, Ba, Zr) gewisse Schwankungen.

Von Bedeutung für die Einschätzung der Altersstellung der Lamprophyre sind die komagmatischen Beziehungen zwischen Latiten des Zwickauer Permokarbons (tiefes Unterrotliegendes) und den Minetten des Untersuchungsgebiets, die sich in einer engen chemischen Verwandtschaft dieser Gesteine äußern, wie ebenfalls aus Tab. 1 hervorgeht. Größere Abweichungen weisen lediglich die Eisen- und Zirkoniumgehalte auf.

3.2.2. Geochemische Besonderheiten hinsichtlich sedimentärer bzw. hydrothermaler Beeinflussung

Bei einem Vergleich mit den Lamprophyren des Erzgebirges und mit Durchschnittswerten für Minetten und Kersantite von Métais & Chayes (1963) zeigen sich die CO_2-Werte für ostthüringische Lamprophyre sehr stark erhöht (s. Tab. 2).

Die Erhöhung der CO_2-Gehalte läuft mit einer Annäherung der $\delta^{18}O/\delta^{13}C$-Verhältnisse an diejenigen sedimentärer Karbonate parallel, wie bei Kramer (1976) gezeigt wird.

Unschwer lassen sich die erhöhten CO_2-Gehalte der Lamprophyre, insbesondere der Minetten, in kalkreichen Sedimentserien der Ostthüringischen Mulde in Verbindung mit der Isotopenzusammensetzung und einer fehlenden positiven Korrelation von CO_2 und Ca mit der Aufnahme von CO_2 im Bereich der sedimentären Kruste begründen. (Diese CO_2-Quelle existiert neben einer magmatischen). In ähnlichem Sinne können erhöhte Li-Gehalte der ostthüringischen Lamprophyre gedeutet werden. Während diese durchschnittlich 120 ppm Li führen (Extremwerte 240—380 ppm), werden in den Kersantiten und Minetten des Erzgebirges selbst unter Einbeziehung der pneumatolytisch stark be-

Tab. 1. Der Chemismus von Lamprophyren des Raums Weida—Elsterberg und von Latiten des Zwickauer Molassebeckens im Vergleich (Hauptkomponenten in M.-%, Spurenelemente in ppm, Hg in ppb)

	Latite		Minetten		Kersantit	Matrix		Leukokrates Gängchen	Variolen		Schlieren		Syenit
	1	2	3	4	5	von 3	von 4	aus 3	aus 3	aus 5	aus 4	aus 6	7
SiO_2	50,5	51,2	49,8	52,6	36,7	36,0	—	55,1	56,2	—	63,4	57,4	59,48
TiO_2	2,3	1,5	1,3	1,4	1,9	1,8	1,4	1,3	1,5	1,0	1,2	0,9	0,65
Al_2O_3	14,2	14,5	15,5	12,5	10,2	14,3	—	13,8	13,4	—	15,1	18,7	17,30
Fe_2O_3	7,5	6,4	1,7	1,6	2,9	—	—	1,4	2,2	—	2,5*	1,0	2,86
FeO	2,0	2,4	3,1	3,6	6,9	—	—	2,5	1,4	—	—	1,9	3,24
MnO	0,19	0,29	0,11	0,10	0,30	0,09	—	0,09	0,08	—	—	—	0,22
MgO	6,1	7,8	5,2	7,2	10,7	14,4	6,8	4,2	4,1	—	2,0	3,0	1,71
CaO	7,5	7,7	6,7	5,1	9,6	5,7	—	6,4	5,9	—	2,5	3,5	4,03
Na_2O	2,4	2,2	0,8	1,9	1,6	0,6	—	3,5	0,6	—	2,5	5,0	4,02
K_2O	5,4	3,5	6,0	5,7	3,2	1,6	—	3,3	7,0	—	7,0	5,1	4,88
H_2O^-	1,2	1,2	0,5	0,3	0,7	2,3	—	0,6	0,5	—	0,4	0,3	—
H_2O^+	—	2,3	2,7	2,5	2,7	5,8	—	1,5	1,8	—	—	—	1,35
P_2O_5	0,86	0,88	0,76	0,76	1,04	0,52	—	0,72	0,73	1,05	0,23	0,43	0,26
F	0,185	—	—	0,190	0,215	0,160	—	0,100	0,100	—	—	0,110	—
CO_2	—	—	7,0	4,6	10,7	—	—	6,5	—	—	—	0,1	—
Rb	150	180	200	175	180	120	160	120	210	190	200	320	110
Ba	2070	1870	2700	3700	440	1350	4300	1100	3400	750	4000	1600	1600
Ni	80	120	110	155	200	250	230	140	65	140	43	40	4
Cr	290	530	260	330	730	150	360	260	330	730	—	28	2
V	160	140	110	95	220	210	150	110	90	420	60	110	30
Co	31	33	30	27	46	40	21	30	60	40	14	25	1
Cu	36	33	50	35	105	90	27	70	45	250	31	35	5
Pb	34	30	28	12	16	40	10	30	30	26	7	60	12
Zr	150	100	630	530	360	700	490	470	500	370	580	640	500
Ga	23	20	26	28	18	31	26	30	23	31	19	20	30
Li	65	43	300	75	120	400	110	60	95	95	48	45	28
Be	8	8	7	5	—	13	5	6	6	—	7	6	1
B	38	39	28	—	—	—	50	20	27	—	24	—	9
Hg	157	420	5600	3700	1680	25	3700	7000	10000	12500	7100	28	—

1 — Latite des Unterrotliegenden aus dem Zwickauer Molassebecken (sieben Proben); 2 — Latit von Friedrichsgrün bei Zwickau; 3 — Kugelminette von Cunsdorf bei Elsterberg; 4 — Minette von Tremnitz bei Elsterberg; 5 — Kersantit von Großdraxdorf bei Weida; 6 — Spessartit von Bärenstein, Osterzgebirge; 7 — globale Clarkes für Syenit nach TUREKIAN & WEDEPOHL (1961) und SOLOVEV (1970)

* Fe_2O_3 gesamt

Tab. 2. CO_2-Gehalte in Lamprophyren in Masse-%
(Probenanzahl in runden Klammern)

	Durchschnitte für Lamprophyre verschiedener Regionen (Métais & Chayes 1963)		Erzgebirge		Ostthüringen	
Kersantite	1,14	(95)	0,85	(22)	4,6	(12)
Minetten	2,42	(64)	4,1	(4)	5,8	(2)

einflußten Vorkommen durchschnittlich 75–95 ppm Li und Höchstwerte von 170 bis 200 ppm erreicht. Durch Auslaugung LiCl-angereicherte Schichtwässer (Thermalwässer, vgl. Rankama & Sahama 1949), die in die Umwandlungsprozesse einbezogen werden, könnten als Li-Lieferanten angesehen werden. Eine sedimentäre Beeinflussung wird durch die $\delta^{18}O$-Werte der Minette von Tremnitz (12,6‰) und des Kersantits von Großdraxdorf (13,6‰) nahegelegt. Demgegenüber liegt ein Kersantit aus dem Henneberg-Granit mit 7,3‰ gerade noch im Schwankungsbereich basischen Mantelmaterials. Dieser sedimentären Beeinflussung gegenüber tritt die Rolle magmatisch-hydrothermaler und pneumatolytischer Prozesse zurück. Das äußert sich durch die folgenden Besonderheiten vor allem im Spurenchemismus der Lamprophyre Ostthüringens:

1. Im Vergleich zu den Lamprophyren des Erzgebirges haben diese durchweg wesentlich niedrigere Gehalte an Pb, Be und Sn.
2. Es fehlen gute korrelative Beziehungen zwischen den allgemein an hydrothermalen Prozessen beteiligten Elementen. Dagegen ist die Korrelation zwischen den basaltophilen Elementen Mg, Ni, Cr und Co in hohem Maße signifikant.
3. Die K/Rb-Verhältnisse zeigen den von Shaw (1968) diskutierten „hydrothermalen Trend" im Gegensatz zu denen der Kersantite und Minetten des Erzgebirges nicht.

3.3. Schlußfolgerungen

Detaillierte chemische Untersuchungen an Lamprophyren im Raum Weida–Elsterberg zeigen eine Übereinstimmung des Auftretens von Gefügeinhomogenitäten bzw. speziellen Gefügeausbildungen (Variolen, Schlieren, leukokrate Gängchen) mit entsprechenden substantiell-chemischen Unterschieden und regional stark erhöhten CO_2-Gehalten in diesen Gesteinen.

In Übereinstimmung von geologischem Geländebefund und Experiment konnten Phillpotts & Hodgson (1968) derartige Erscheinungsbilder mit der Wirksamkeit von Entmischungsvorgängen überzeugend erklären. Schmelzversuche von Yoder (1971) erbrachten den Nachweis für fehlende Mischbarkeit von Schmelzen mit unterschiedlichem Chemismus (Rhyolith und Basalt) unter bestimmten p-t-x-Bedingungen. Fehlende Mischbarkeit bzw. die Entmischung von Schmelzen ist an die Anwesenheit hoher Gehalte von CO_2 bzw. anderer Fluida (Schmelzpunkterniedrigung!) gebunden, eine Voraussetzung, welche für die zur Diskussion stehenden Lamprophyre gegeben ist. Phillpotts & Hodgson wiesen darauf hin, daß eine Entmischung von größerem Ausmaß (z. B. in Form von Schlieren) relativ große Bildungsräume erforderlich macht. Diese Bedingung scheint für die Ostthüringischen Lamprophyre (geringe Mächtigkeit) nicht erfüllt zu sein.

Damit gewinnt die Vorstellung über eine mechanische Vermengung von basischen mit syenitischen Schmelzen bei fehlender Mischbarkeit der Teilschmelzen für die Klärung des obigen Erscheinungsbilds an Wahrscheinlichkeit.

In diesem Zusammenhang verdient das Auftreten basischer bis ultrabasischer Lamprophyre (Kersantit von Großdraxdorf) neben Minetten mit Gefügeinhomogenitäten von basischem und syenitischem Chemismus besondere Aufmerksamkeit. Die dabei zu bemerkenden Gehaltsschwankungen für bestimmte Elemente in den basischen Anteilen bzw. Gesteinen können auf Differentiation (Mg, Ni, Cr) bzw. unterschiedliche Beeinflussung durch „syenitische" Komponenten (K, P, Ba, Zr) zurückgeführt werden.

Das Verhalten von CO_2 und Li sowie die Sauerstoff-Isotopenverhältnisse in den Lamprophyren Ostthüringens belegen die herausragende Rolle von Wechselwirkungsprozessen zwischen diesen Ganggesteinen und deren sedimentärem Intrusionsraum.

Dieser Sachverhalt fügt sich gut in die Vorstellungen über den tektonischen Zustand dieses Gebiets während der Intrusion der lamprophyrischen Schmelzen in die hier relativ mächtigen Geosynklinalsedimente des variszischen Orogenbereichs in dessen frühkratonalem Stadium.

4. DIE QUECKSILBERFÜHRUNG DER LAMPROPHYRE DES OSTTHÜRINGISCHEN SCHIEFERGEBIRGES

Die Quecksilbergehalte der Lamprophyre sind wie bei anderen Gesteinstypen (Magmatite, Sedimentite, Metamorphite) logarithmisch normal verteilt. Bei den Magmatiten kommt es nur innerhalb der Alkaligesteine zu einer nennenswerten Anreicherung von Quecksilber (Hg), wie das Verhältnis zum Clarkewert (Clarkekonzentration) zeigt [Tab. 3, Angaben in ppb nach Beuge (1976)].

Tab. 3. Hg-Gehalte und Clarkekonzentrationen für die wichtigsten Magmatittypen in ppb

Gestein	n	Intervall	$\bar{x}$	Clarke-konzentration
Granite	70	20–210	40	0,8
Syenite	8	40–95	70	1,4
Gabbros	100	30–365	105	2,0
Ultrabasite	48	5–80	27	0,5
Nephelinsyenite	647	165–1200	260	5,2
Alkaligabbroide	107	200–340	285	5,7

(n – Probenanzahl; $\bar{x}$ – geometrischer Mittelwert)

Diese, vom Gesteinsmakrochemismus nahezu unabhängige Hg-Führung unterstreicht die Bedeutung dieses Elements als Indikator sogar in geologisch variabel zusammengesetzten Regionen.

Die untersuchten Lamprophyre aus dem Südteil der DDR — geordnet nach regionalen Einheiten — haben folgende Hg-Konzentrationen (s. Tab. 4, Angaben in ppb).

Während die Lamprophyre der Elbtalzone zu erwartende niedrige Hg-Konzentrationen aufweisen, lassen sich die erhöhten Werte der westerzgebirgischen Lamprophyre und die des Freiberger Lagerstättenreviers auf eine hydrothermale Beeinflussung zurückführen. Für den ostthüringischen Raum, wo hydrothermale Beinflussungen stark zurücktreten, müssen andere Hg-Quellen für die erhöhten und extrem anomalen Gehalte in den Lamprophyren gesucht werden. Für die weitere Diskussion erhalten die Hg-Gehaltsangaben in Tab. 5 Bedeutung.

Tab. 4. Hg-Gehalte der Lamprophyre aus dem Südteil der DDR in ppb

Gestein	n	Intervall	$\bar{x}$	Clarke-konzentration
Ostthüringen (ohne Raum Greiz—Elsterberg)	17	30— 525	160	3,2
Raum Greiz—Elsterberg	3	1700—5600	4000	80,0
Westerzgebirge	10	30— 550	180	3,6
Freiberger Revier	11	160— 345	230	4,6
Elbtalzone	9	30— 180	75	1,5

Tab. 5. Hg-Konzentrationen voroberkarbonischer Magmatite Ostthüringens und des Vogtlands sowie der silurischen Schwarzschiefer Thüringens

Gestein	n	Intervall	$\bar{x}$	Clarke-konzentration
Quarzporphyre	6	25— 180	95	1,9
Keratophyre	2	85— 145	115	2,3
Diabase	9	25— 120	65	1,3
Spilite	6	30— 80	50	1,0
Quarzkeratophyre	4	15— 45	25	0,5
oberer Graptolithenschiefer	22	330—2450	1550	31,0
Ockerkalk	27	115—3900	385	7,7
unterer Graptolithenschiefer	33	400—4500	2220	45,0

Angaben in ppb nach IBRAHIM-PASCHA (1973) und BEUGE (1976)

Für die silurischen Schwarzschiefer muß unter Berücksichtigung ihres heutigen Metamorphosestadiums nach detaillierten Untersuchungen an Sedimenten unterschiedlichen Diagenese- und Metamorphosegrads (BEUGE 1976) mit einem um den Faktor 2,9 höheren, primären Hg-Gehalt gerechnet werden. Das ergäbe eine Hg-Konzentration zum Zeitpunkt der Sedimentation für den oberen Graptolithenschiefer von 4500 ppb und den unteren Graptolithenschiefer von 6500 ppb.

Die hohen Hg-Gehalte in den Lamprophyren aus dem Raum Greiz—Elsterberg (s. Tab. 4) gaben Anlaß zu Detailuntersuchungen. Es wurde eine extrem strenge Bindung der anomalen Hg-Führung an die hellen Variolen und Schlieren syenitischer Zusammensetzung festgestellt, wie aus Tab. 1 ersichtlich ist.

Derartige Unterschiede in den Hg-Gehalten auf kleinstem Raum (1—3 mm) innerhalb eines festen Gesteins sind nach Kenntnis der Autoren bisher nicht beschrieben worden. Sie sind auch von anderen Elementen bislang unbekannt. Mit Hilfe der Hg-Gehalte in dem basaltischen und syenitischen Anteil ließe sich das Mischungsverhältnis der manchmal auftretenden feinschlierigen Matrix (z. B. Tremnitz) recht genau errechnen.

Bei schrittweisen Aufheizversuchen der Variolensubstanz konnte eine Mobilisation von > 80% des Gesamtquecksilbers bei einer Temperatur bis zu 450 °C registriert werden. Damit wird zugleich eine obere Temperaturgrenze für die Entstehung der Variolen fixiert.

5. VERHALTEN DES QUECKSILBERS IM ENDO- UND EXOKONTAKT MAGMATISCHER INTRUSIONEN

Das Hg zählt zusammen mit weiteren Elementen und Komponenten (H_2O, CO_2, SO_2, CH_4 und andere) zu den hochmobilen Phasen des geochemischen Kreislaufs. Damit war anzunehmen, daß es gleich diesen an thermischen Kontakten einer positiven Transvaporisationswirkung im Sinne von SZÁDEZCKY-KARDOSS (1959) unterliegt. Untersuchungen im Zenti-, Deka- und Kilometerbereich an Kontaktflächen (BEUGE 1976) von Granitintrusionen, Granitporphyr- und Diabasgängen und Diabassills unterschiedlicher Mächtigkeit und mit wechselndem Nebengestein, ergaben ein in der Tendenz stets gleichartiges Bild: Hg-Anreicherung im Endokontakt, extreme Verarmung im inneren Exokontakt ($\leqq 5$ ppb) und einen Hg-Hof (positive Anomalie) in größerer Entfernung. Die Ausmaße der einzelnen Zonen sind eine Funktion des Wärmeinhalts des Magmenkörpers, der Bindungsart des Hg, der Wärmeleitfähigkeit, Porosität, Wassersättigung und anderer Parameter des Nebengesteins. Dabei zeigt sich bei Hg eine höhere Mobilität als bei H_2O und CO_2 vor allem deshalb, weil letztere in thermisch stabilere Mineralgitter eingebaut werden können. Selbst die relativ kurzzeitig wirkende Wärme kinetischer Vorgänge auf nichtmineralisierten tektonischen Bruchzonen führt zu der genannten Hg-Umverteilung. Das zeigt, daß bereits relativ geringe Wärmegradienten zur Mobilisation des Hg führen können. In der geochemischen Praxis werden mercurometrische Suchmethoden zum Auffinden geothermischer Anomalien angewandt.

Die bereits erwähnte Hg-Umverteilung im Diagenese- und Metamorphoseprozeß unterstützen diese Aussagen.

Für die hier untersuchten Lamprophyre Ostthüringens gilt ein derartiger positiver Transvaporisationseffekt, der auch durch die sonst nicht in dem Maße zu beobachtende positive Korrelation von Hg mit den anderen bestimmten leichtflüchtigen Elementen Fluor und Lithium sowie mit CO_2 deutlich wird (s. Abb. 9 und 10).

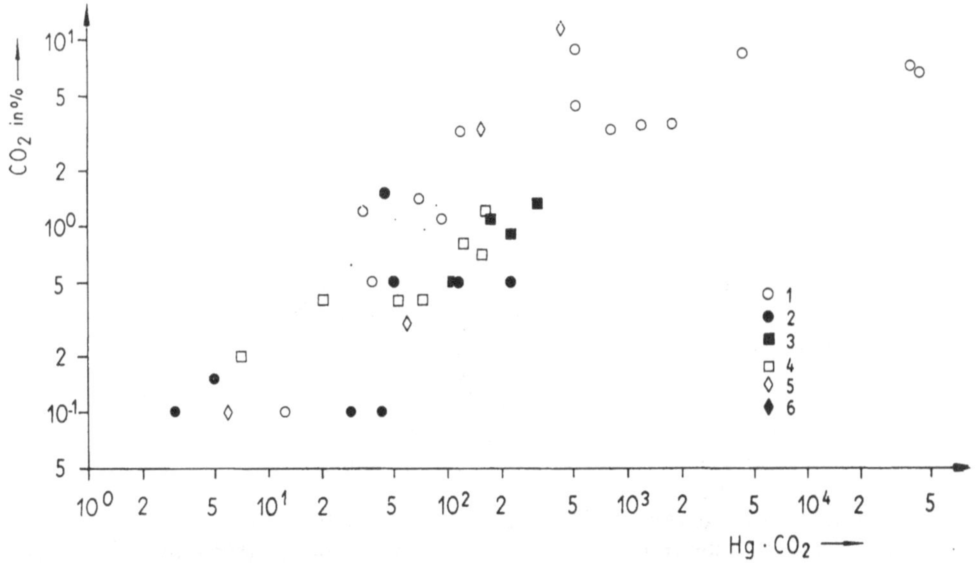

Abb. 9. Korrelationsdiagramm CO_2/Hg·CO_2

östliches und mittleres Erzgebirge: 1 – Minetten; 2 – Kersantite; westliches Erzgebirge: 3 – Kersantite; 4 – Minetten; Ostthüringen: 5 – Minetten; 6 – Kersantite

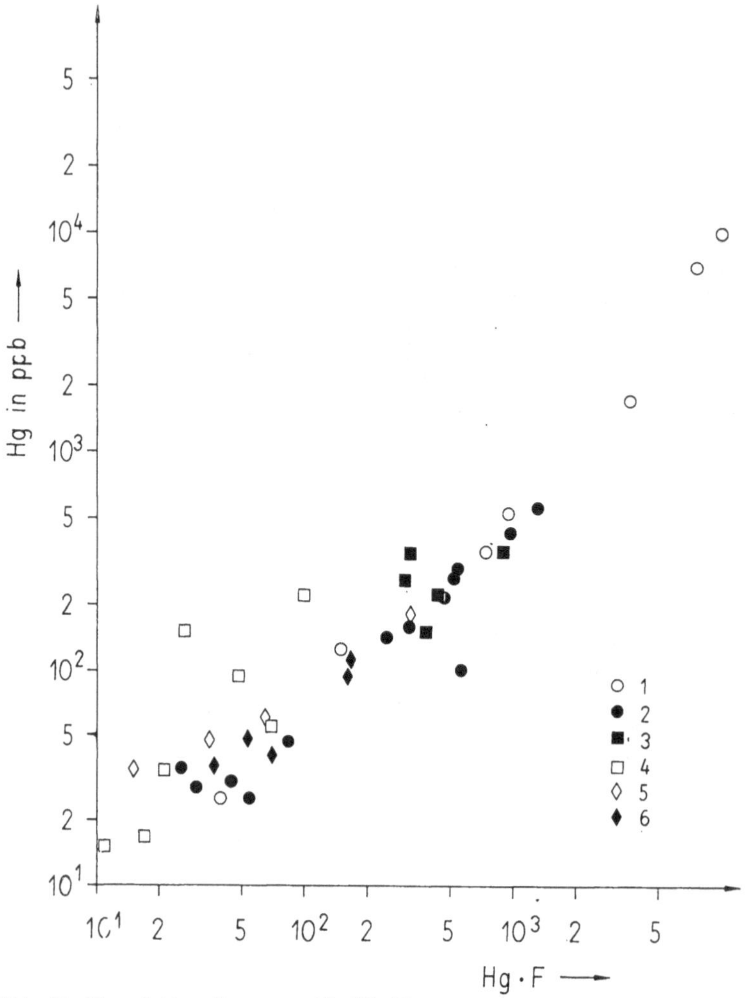

Abb. 10. Korrelationsdiagramm Hg/Hg · F
(Legende s. Abb. 9)

Positive Quecksilberaureolen wurden bisher vor allem in der geochemischen Prospektion als das Ergebnis einer aus mineralisierender Lösung erfolgten Hg-Zufuhr verstanden. In den letzten Jahren fand man Hg-Aureolen um Mineralisationen, die selbst keine anomalen Hg-Konzentrationen aufwiesen. Aus den bisherigen Aussagen ist zu entnehmen, daß außerhalb der Zone der Transvaporisation gleichfalls eine erhebliche Hg-Umverteilung im Nebengestein erfolgt. Sie kann bei granitischen Großintrusionen nach eigenen Untersuchungen 10 km erreichen. Moisejev (1971) gelangt mit mathematischen Berechnungen zu einem aus Sedimenten mobilisierbaren Hg-Anteil von 75% bei 160 °C. Eigene Messungen an natürlichen Objekten bestätigen in etwa diese Kalkulation. Damit werden gewaltige Hg-Mengen frei, nach deren Verbleib gefragt werden muß. Lagerstättenkundler und Metallogenetiker sehen in den letzten Jahren hierin eine Quelle für die Bildung von Hg-Mineralisationen (Nikol'skij u. a. 1970; Ajdinjan u. a. 1970; Moisejev 1971; Tischendorf u. a. 1973), so daß sich viele bisher offene Fragen recht einfach beantworten lassen.

Die besondere geologisch-tektonische Position der ostthüringischen Lamprophyre läßt sich gut mit solchen Vorstellungen verbinden. Diese Lamprophyre intrudierten in ein Becken mehrere km mächtiger, zum Teil primär Hg-reicher sedimentärer Serien. Diese befanden sich bereits vorher im Wärmeherd postkinematischer variszischer Granitintrusionen und hatten das Hg in einer heute noch nachweisbaren Front erheblich angereichert.

6. PETROLOGISCHE UND METALLOGENETISCHE FOLGERUNGEN UNTER BESONDERER BERÜCKSICHTIGUNG DER QUECKSILBER-VERTEILUNG IN DEN LAMPROPHYREN

1. Die unter Abschn. 3.3. mitgeteilten Ergebnisse und Schlußfolgerungen sprechen zusammen mit den Untersuchungen der Hg-Verteilung in diesen lamprophyrischen Gesteinen für eine mechanische Vermengung zweier nicht mischbarer Schmelzen. Die Entstehung der syenitischen Teilschmelze durch eine Reaktion der basaltischen Schmelze mit sedimentärem Material hätte zu keiner solchen extrem kontrastierten Hg-Verteilung geführt, da die Hg-Gehalte vom Makrochemismus nur unwesentlich kontrolliert werden.

Aus der Bindungsart des Hg in den Variolen läßt sich eine Erstarrungstemperatur der syenitischen Schmelze von $\lesssim 450\,°C$ ableiten, die bei hohen Gehalten an Fluida erklärbar ist. Die positive Korrelation des Hg mit CO_2 und zu den leichtflüchtigen Elementen F und Li (s. Abb. 9 und 10), ferner die Kohlenstoff- und Sauerstoff-Isotopenverhältnisse des CO_2, bestätigen diese Rolle der Fluida.

2. Das Auftreten von Tröpfchen und Schlieren der syenitischen Teilschmelze in der basischen Matrix ist demnach eine Folge der Viskositätsunterschiede beider Schmelzeanteile. Die niedrigere Temperatur und höhere Viskosität der syenitischen Schmelze erklärt das Fehlen reiner syenitischer Magmatite im obersten Krustenbereich des Untersuchungsgebiets.

3. Nach allen Befunden muß das Hg vor der Bildung der lamprophyrischen Schmelzen in die syenitische Teilschmelze gelangt sein. Für eine primäre Hg-Führung der syenitischen Schmelze gibt es keinerlei Hinweise. Syenitische Schlieren und Einschlüsse in den Lamprophyren des Erzgebirges und Syenite selbst (s. Tab. 3) führen keine anomalen Hg-Gehalte.

4. Die Hg-Verteilung in den Gefügeinhomogenitäten spricht klar gegen eine epigenetische Hg-Mineralisation der Lamprophyre in situ. Beobachtete autohydrothermale Mineralumwandlungen in Teilbereichen der Minetten und Kersantite betreffen basische und syenitische Anteile gleichermaßen. Ein topomineralischer Effekt scheidet aus, er würde nach bisherigen Erfahrungen und Mitteilungen zu einem umgekehrten Bild führen.

5. Die Hg-Führung ist zeitlich an das Permosiles gebunden, da die devonischen Magmatite dieses Raums (Spilite, Diabase, Keratophyre, Quarzporphyre) normale Hg-Gehalte zeigen (s. Tab. 5). Eine Darstellung der Hg-Gehalte in verschiedenen Gesteinen des Untersuchungsgebiets zu Vergleichszwecken zeigt Abb. 11.

7. MODELL DER QUECKSILBER-ANREICHERUNGSVORGÄNGE

Aus den bisher mitgeteilten Daten und getroffenen Einzelaussagen wird folgendes Modell der Hg-Anreicherung abgeleitet und zur Diskussion gestellt (Abb. 12).

Mächtige sedimentäre, zum Teil primär quecksilberreiche Gesteine (Sapropelfazies) gelangen in den Kontaktbereich von Granitintrusionen. Neben dem Transvaporisations-

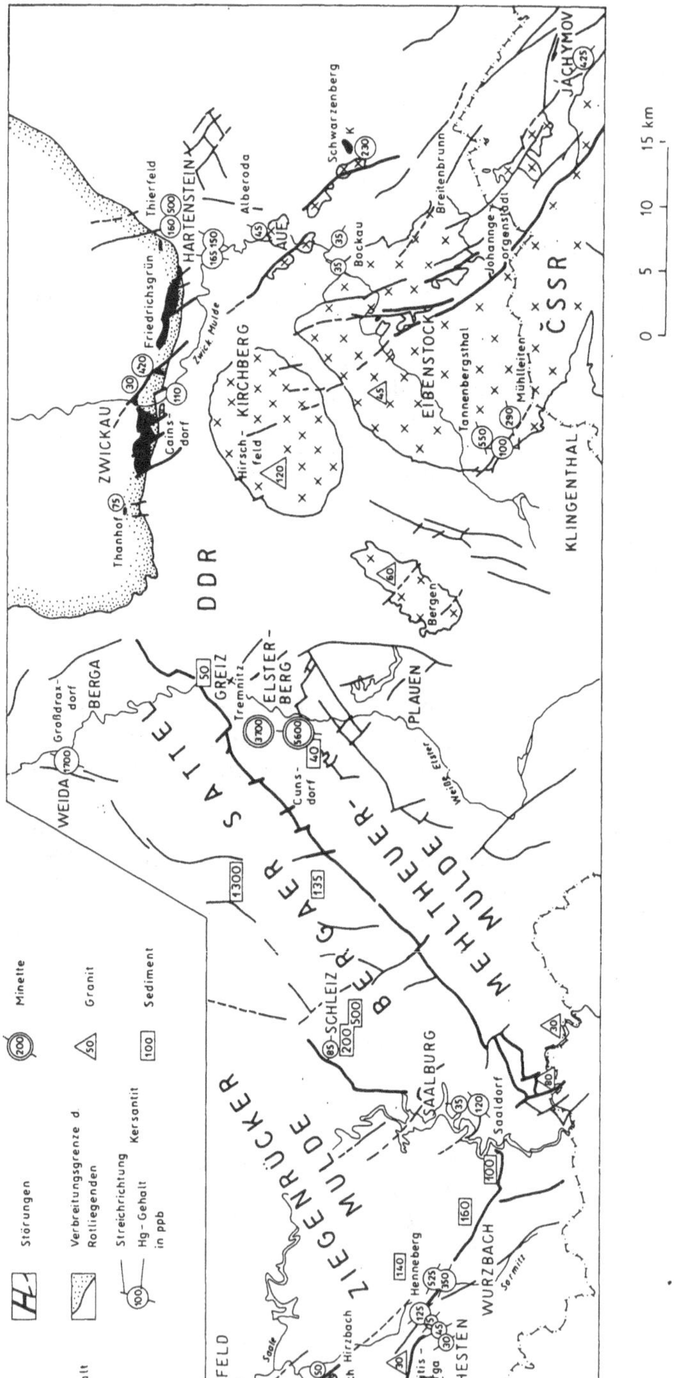

Abb. 11. Die Hg-Führung der Lamprophyre und anderer Gesteine im Ostthüringischen Schiefergebirge und im Westerzgebirge

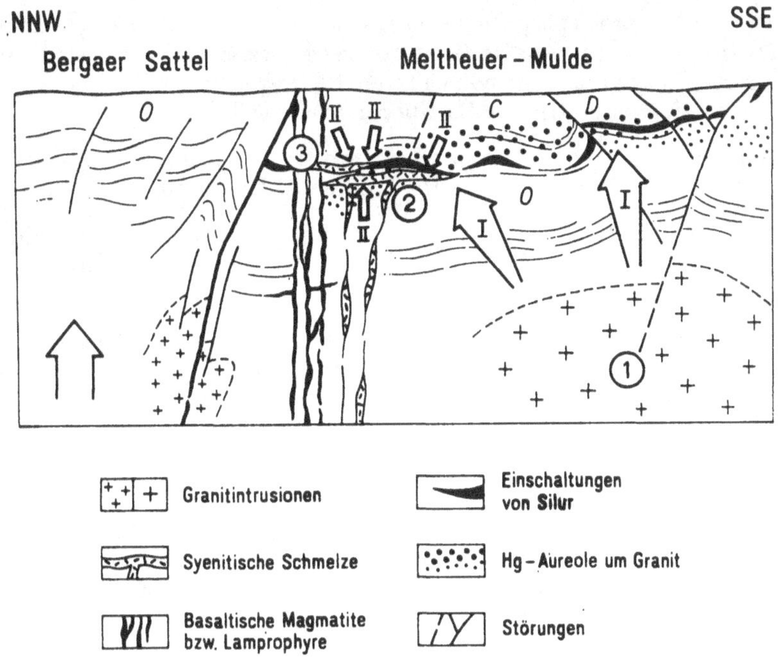

Abb. 12. Modell der Hg-Anreicherungsvorgänge
Schematisches NNW–SSE-Profil im Raum Elsterberg–Plauen in Anlehnung an das Profil 1 von Blatt Karlovy Vary–Plauen der „Geologická mapa ČSSR“ (1: 200000)

I – Bildung einer Hg-Aureole durch die Kontaktwirkung von Granitintrusionen; II – Hg-Konzentrierung in kleinen syenitischen Intrusionen durch Transvaporisationseffekt

Zum Ablaufschema des an der Hg-Konzentrierung beteiligten magmatischen Geschehens:

1 – Intrusion postorogener Granite; 2 – Intrusion syenitischer Schmelzen; 3 – mehr oder weniger starke Kontamination bzw. unvollständige Kontamination basischer durch syenitische Schmelzen und darauffolgende Intrusion als Kersantit bzw. Minette

effekt im engeren Kontaktbereich kommt es zur Ausbildung einer großflächigen positiven Hg-Anomalie (I), die in Hg-Fallen, z. B. Scheitelbereiche großräumiger Falten, zu besonderen Anreicherungen führt.

Syenitische Schmelzen intrudieren in diesen Bereich und reichern sich durch den Transvaporisationseffekt mit Hg an (II).

Basische Magmen zapfen die syenitischen Schmelzeherde an und intrudieren weiter in die Kruste. Dabei kommt es zu einer mechanischen Vermengung der nicht bzw. nur teilweise mischbaren Schmelzen (partielle Kontamination) und schließlich kristallisieren aus den Mischprodukten („lamprophyrischen Schmelzen“) Minetten bzw. Kersantite aus.

8. ZUR PERSPEKTIVITÄT DER QUECKSILBERFÜHRUNG IM UNTERSUCHUNGSGEBIET

Für die Flankenbereiche des Bergaer Sattels (Nordteil) haben die folgenden Hg-kontrollierenden Faktoren Bedeutung:

– Sedimentäre Ablagerungen mit durchschnittlichen Hg-Konzentrationen und Mächtigkeiten von mehreren Kilometern in den Geosynklinaltrögen treten auf. Sie werden als primäre Hg-Quellen angesehen. Primär quecksilberreichere Gesteine der Sapropelfazies, die gebietsweise verbreitet sind, gleichen die geringere Effektivität von sedimentären Bildungen mit relativ geringen Mächtigkeiten und durchschnittlicher Hg-Führung zum Teil aus.

— Es sind magmatische (granitische) Großintrusionen nachgewiesen, die als Wärmequelle zur Bildung von Hg-Fronten Anlaß gaben.

— Großräumige Faltenstrukturen ohne aushaltende Bruchstörungen gelten als beste Quecksilberfallen. Jene waren vor der Wirksamkeit der postvariszischen Tektonik vorhanden.

— Bruchstörungen von lokaler Bedeutung wirken ebenso wie die postgranitischen Magmatite vom Typ der kleinen Intrusionen erzverteilend. Für diese Funktion kämen die Kersantite und Minetten auf Parallelstörungen zu den Flanken des Bergaer Sattels in Frage.

— Eine breite Tiefenstörungszone als Primärlieferant von Substraten aus dem Erdmantel zeichnet sich ab. Es handelt sich um eine eggisch streichende Zone, die von Gera nach Aš (ČSSR) verläuft und durch permosilesischen Lamprophyrmagmatismus, tertiären Alkalibasaltmagmatismus, das Auftreten von Hg-Anomalien und Mineralisationen sowie die Fließrichtung der Weißen Elster zwischen Plauen und Gera markiert wird.

Die folgenden Indikationen engen Bereiche mit wahrscheinlicher Hg-Perspektivität ein:

— Die Magmatite vom Typ der kleinen Intrusionen beziehen meistens eine ausgezeichnete geologisch-tektonische Position. Ihr zeitliches Auftreten nach den Granitintrusionen im Verlauf einer Orogenese macht sie zum Auffänger der geochemisch mobilsten Komponenten und Elemente, die seit dem Beginn der Faltung in ständiger Bewegung waren. An diese Magmatite sind häufig kleinere Hg-Mineralisationen und bauwürdige Lagerstätten gebunden. Anomale Hg-Gehalte speziell in derartigen Magmatiten (vgl. Abb. 11) erscheinen als Indikator für die Anwesenheit erhöhter Hg-Konzentrationen im Krustenbereich von Bedeutung.

— Hg-Mineralisationen am „Geraer Vorsprung“ und bei Aš.

— Hg-Gehalte von > 20 ppm in Pyriten auf Klüften, Gängchen und in Imprägnationen lassen das Auftreten von Cinnabarit wahrscheinlich werden.

Obwohl für das Untersuchungsgebiet, besonders für den nördlichen Flankenbereich des Bergaer Sattels, die wichtigsten Hg-kontrollierenden Faktoren gegeben sind, Indikationen auftreten und auch Analogien zu großen Quecksilberprovinzen, z. B. dem Donbass (NIKOL'SKIJ u. a. 1970) bestehen, erfährt die Möglichkeit des Auffindens bauwürdiger Vorkommen folgende wesentliche Einschränkungen:

— Die primäre Hg-Aureole war durch das Auftreten zeitlich verschiedener Großintrusionen im Permosiles kompliziert.

— Postvariszische tektonisch-magmatische Aktivierungen und Erosion haben eventuell vorhandene Lagerstätten zerstören und deren Inhalt verstreuen können.

Herrn Prof. Dr. habil. H. J. RÖSLER, Bergakademie Freiberg, danken wir für seine ständige Unterstützung, Anleitung und die Durchsicht des Manuskripts.

Zusammenfassung

Ausgehend von Gefüge und Chemismus der Lamprophyre des Ostthüringischen Schiefergebirges werden die anomalen Hg-Gehalte und Gehaltsschwankungen (25–12500 ppb) vor allem der Minetten und Kersantite an den Flanken des Nordteils des Bergaer Sattels dargestellt und mit der Hg-Führung verschiedener Gesteine des Untersuchungsgebiets verglichen.

Daraus ergeben sich unter Berücksichtigung der regional-tektonischen Situation Folgerungen für die Entstehung lamprophyrischer Schmelzen und für das Verhalten des Quecksilbers während komplizierter exogener und endogener Wechselwirkungsprozesse (Aureolenbildung, Kontamination, Transvaporisation).

Im Ergebnis der Diskussion dieser Prozesse wird ein Modell der Quecksilber-Anreicherungsvorgänge vorgeschlagen und auf die Bedeutung von Hg-kontrollierenden Faktoren sowie von Hg-Indikationen für das Untersuchungsgebiet hingewiesen.

Резюме

Исходя из структур и химического состава лампрофиров Восточно-Тюрингских сланцевых гор указываются аномальное содержание ртути и колебания его (25–12500 ppb) минетт и керсантитов на склонах северной части Бергского седла, которые сравниваются с содержанием ртути различных пород исследованной области.

С учётом регионально-геологической ситуации из этого можно сделать выводы о происхождении лампрофировых расплавов и о поведении ртути в сложных экзогенных и эндогенных процессах взаимодействия (образование ореолов, контаминация, трансвапоризация).

В результате дискуссии этих процессов предлагается модель концентрации ртути и указывается на значение контролирующих ртуть факторов и индикаторов в исследованной области.

Summary

Based on the fabric and chemism of lamprophyres of the East Thuringian Slate Mountains a description is given of the anomalous contents of Hg and their variations (from 12 to 25,500 p.p.b.), above all of minettes and kersantites at the northern flanks of the anticline of Berga, and a comparison is made with the Hg content of various rocks of the area of investigation.

The regional-tectonic situation taken into account, conclusions are to be drawn on the formation of lamprophyric melts and the behaviour of mercury during intricate exogenous and endogenous processes of interaction (formation of aureoles, contamination, and transvaporization).

As a result of discussion of these processes a model is suggested for the processes of mercury enrichment, and the importance of Hg controlling factors and of Hg indications for the area of investigation is emphasized.

Résumé

On part de la texture et du chimisme des lamprophyres des montagnes schisteuses de la Thuringe orientale pour décrire les teneurs en Hg anomales et leurs variations (de 25 à 12500 p.p.b.), surtout des minettes et des kersantites, sur les flancs au nord de l'anticlinal de Berga, et pour les comparer avec la teneur en Hg de diverses roches de la région étudiée.

Compte tenu de la situation régionale-tectonique, on en tire des conclusions sur l'origine des fontes lamprophyriques, ainsi que sur le comportement du mercure au cours des processus d'interaction réciproque exogènes et endogènes (formation d'auréoles, contamination et transvaporisation).

Il résulte, d'une discussion tenue sur ces processus, que l'on propose un modèle illustrant l'enrichissement du mercure, et que l'on signale l'importance à attribuer aux facteurs contrôlant le mercure et les indications marquant le mercure dans la région étudiée.

Literatur

AJDINJAN, N. CH.; GOLOVNJA, S. V.; OZEROVA, N. A.: Über das Verhalten des Quecksilbers bei der Regionalmetamorphose von Sedimentgesteinen (am Beispiel einiger Gebiete der Kursker Magnetanomalie und von Krivoj Rog). — Sb. očerki geochim. rtuti, molybd. sery v gidroterm. proz., Moskva (1970), S. 70—80, (russ.).

BEUGE, P.: Zum geochemischen Verhalten des Quecksilbers im sedimentären Bereich. — Z. angew. Geol., Berlin **21** (1975) 7, S. 308—312.

— Zur Geochemie des Quecksilbers in Magmatiten und Einzelmineralen. — Freiberger Forsch.-H., C, Leipzig 313 (1976).

CARSTENS, H.: Comagmatic lamprophyres and diabases on the coast of Norway. — Heidelberger Beitr. Miner. Petrol., Berlin **6** (1959), S. 299—319.

GÜMBEL, C. W.: Die paläolithischen Eruptivgesteine des Fichtelgebirges. — München: 1874.

HEMPEL, G.: Die tektonische Entwicklung des NE-Abschnittes des Bergaer Sattels (Ostthüringen). — Monatsber. deutsch. Akad. Wiss., Berlin **5** (1963), S. 750—759.

IBRAHIM PASCHA, A.: Zur regionalen Geochemie des Quecksilbers in Vulkaniten. — Freiberg, Bergakad., Diss. A, 1973.

KRAMER, W.: Genese der Lamprophyre im Bereich der Fichtelgebirgisch-Erzgebirgischen Antiklinalzone. Ein geochemisch-petrologischer Beitrag zum Problem der Kruste-Mantel-Beziehungen. — Chemie Erde, Jena (im Druck).

MÉTAIS, D.; CHAYES, F.: Varieties of Lamprophyres. — Carnegie inst. Washington, Yearbook, Washington 62 (1962/1963), S. 156—157, (engl.).

MOISEJEV, A. N.: A non-magmatic source for mercury ore deposits? — Econ. Geol., Lancaster **66** (1971), S. 591—601, (engl.).

NĚMEC, D.: Lamprophyrische und Lamproide Ganggesteine im Südteil der Böhmisch-Mährischen Anhöhe (ČSSR). — Tscherm. miner.-petrogr. Mitt., Wien **14** (1970), S. 255—284.

NIKOL'SKIJ, I. L.; DOBRJANSKIJ, A. M.; KORČEMAGIN, V. A.: Zur Frage der Quellen und Migrationswege des Quecksilbers. — Geol. žurn., **30** (1970) 3, S. 91—100, (russ.).

PFEIFFER, L.: Zur Darstellung von petrochemischen Parametern nach einem Vorschlag von R. G. GEVORKJAN. — Z. geol. Wiss., Berlin **2** (1974) 5, S. 645—648.

PHILLPOTTS, A. R.; HODGSON, C. J.: Role of Liquid immiscibility in Alkaline Rock Genesis. — XXIIIrd Intern. Geol. Congr., Prague **2** (1968), S. 175—188, (engl.).

PÖHLMANN, R.: Untersuchungen über Glimmerdiorite und Kersantite Südthüringens und des Frankenwaldes. — N. Jb. Miner. etc., Stuttgart (1885), S. 67—141.

POPOV, V. S.: Über Globulartextur der Lamprophyre. — Zap. vses. miner. obšč., Moskva **51** (1972) 6, S. 370—378, (russ.).

RANKAMA, K.; SAHAMA, TH. G.: Geochemistry. — Chicago: Univ. of Chicago Press 1949, (engl.).

RÖSLER, H. J.; ADAMSKI, B.; BEUGE, P.: Das Verhalten chemischer Elemente bei der Diagenese und Metamorphose (auf Grund von Untersuchungen an einem modellierten Gesteinsprofil). — Vortr. Tagg. „Geochemie der Sedimente" der Ges. geol. Wiss. DDR, Saßnitz, Oktober 1975.

ROSENBUSCH, H.: Mikroskopische Physiographie der massigen Gesteine, Bd. II, 1, III. Aufl. — Stuttgart: E. Schweizerbart'sche Verlagsbuchh. 1896.

SHAW, D. M.: A review of K—Rb-fractionation trends by covariance analyses. — Geochim. Cosmochim Acta, London **32** (1968), S. 573—601, (engl.).

SOLOVEV, S. P.: Der Chemismus magmatischer Gesteine und einige Fragen der Petrochemie. — Leningrad: izd. Nauka 1970, (russ.).

SZÁDECZKY KARDOSS, E.: Über Migrationserscheinungen magmatischer und metamorpher Gesteinsbildungsprozesse. — Freiberger Forsch.-H., C, Berlin 58 (1959), S. 66—92.

TISCHENDORF, G.; PÄLCHEN, W.; UNGETHÜM, H.: Zum System der Faktoren und Indikatoren bei der Prognose und Suche von Quecksilberlagerstätten. — Z. angew. Geol., Berlin **19** (1973) 3, S. 385—397.

TUREKIAN, K. K.; WEDEPOHL, K. H.: Distribution of the elements in some major units of the earth's crust. — Bull. geol. soc. Amer., Washington **72** (1961), S. 175, (engl.).

VELDE, D.: Les Lamprophyres à feldspath alkalin et biotite. — Contrib. Miner. Petrol., Berlin **30** (1971), S. 216—239, (franz.).

YODER, H. S. JR.: Contemporaneous Rhyolite and Basalt. — Carnegie inst. Washington, Yearbook, Washington 69 (1971), S. 1969—1970, (engl.).

Manuskripteingang: 19. Dezember 1975

Bergakademie Freiberg, Sektion Geowissenschaften, Wissenschaftsbereich Geochemie/Mineralogie, Sektionsveröffentlichung Nr. 543

Anschriften der Autoren:

Dr. P. BEUGE, Bergakademie Freiberg, Sektion Geowissenschaften
DDR - 92 Freiberg, Schließfach 47
Dr. W. KRAMER, VEB Geologische Forschung und Erkundung Halle, Betriebsteil Freiberg
DDR - 92 Freiberg, Otto-Nuschke-Platz 1

Schriftenr. geol. Wiss. · Berlin 8 (1977) · S. 101—106

Buchbesprechungen

K. H. WEDEPOHL (Ed.)

Handbook of Geochemistry, Vol. II/4

Unter Mitarbeit von C. W. CORRENS, D. M. SHAW, K. K. TUREKIAN & J. ZEMANN

Berlin—Heidelberg—New York: Springer-Verlag 1974.
VI + 898 Seiten, 113 Abbildungen, Loose-leaf binder DM 298,—

Mit der Herausgabe des vierten Teils vom Band II ist das Handbuch der Geochemie nunmehr weiter vervollständigt worden. Die Zeit der Herausgabe dieses umfangreichen Kompendiums erstreckte sich bis jetzt über fünf Jahre. Dies kann, gemessen am organisatorischen Aufwand durch die Beteiligung einer Vielzahl von Autoren einerseits als eine durchaus relativ kurze Zeitspanne eingeschätzt werden, andererseits darf nicht übersehen werden, daß in manchen Manuskripten (für die Behandlung von Elementen, die in II/1 enthalten waren) die Literatur nur bis etwa 1966/1967 ausgewertet werden konnte und daher bereits jetzt der Bedarf vorliegt, durch entsprechende Nachträge den neuesten Kenntnisstand zu erreichen.

Mit dem vorliegenden Band II/4 werden zahlreiche Lücken geschlossen, die noch vorhanden waren — insbesondere zu den Kapiteln A „Kristallchemie". Für viele Elemente erfolgt in diesem Band erstmalig eine vollständige Darstellung. Dies gilt für B, Si, S, Cl, V, Cu, Br, Sr, Ag, I, Au sowie Pb. Andere Elemente, wie P, S, Ca, Ti, Cr, Mn, Co, Ni, Sr, Zr, Nb, Mo, Hf und Ta, sollen in einem weiteren Teil behandelt werden.

Auf die Vorzüge — und auf nicht übersehbare Mängel — wurde in den bisherigen Rezensionen (Z. angew. Geol., Berlin **16**, S. 261; Geologie, Berlin **19**, S. 889—890; **21**, S. 873—874; Z. geol. Wiss., Berlin **1**, S. 1345) bereits hingewiesen. Dies betrifft einmal besonders die betonte Unterbewertung und Nichtzitierung von Arbeiten aus sozialistischen Ländern, wobei die einzelnen Autoren allerdings durchaus unterschiedlich verfahren, zum anderen den Umstand, daß den Belangen der angewandten Geochemie als Verfahren der praktischen Suche und Erkundung von Lagerstätten insgesamt zu wenig Aufmerksamkeit geschenkt worden ist. Die kontinuierliche Vervollständigung des Handbuchs, die durch die gewählte Lose-Blatt-Form vorgesehen ist, sollte darauf ausgerichtet sein, diese Mängel sukzessive auszumerzen.

Die Anwendung geochemischer Verfahren und die Berücksichtigung geochemischer Verteilungsgesetzmäßigkeiten ist nicht mehr nur auf den geologischen Bereich beschränkt, sondern umfaßt zunehmend naturwissenschaftliche Nachbardisziplinen, wie Landwirtschaftswissenschaften, Botanik, Biologie, Ozeanologie. In den meisten Fällen wird die Nutzung des vorhandenen Rohstoffpotentials und die Bewahrung des Lebensraums der Menschen im Mittelpunkt der Untersuchung stehen. Dabei kann und sollte das Handbuch mit seinen zahlreichen, leicht aushebbaren Daten wertvolle Dienste leisten.

G. TISCHENDORF

F. R. Siegel

Applied Geochemistry

New York—London—Sydney—Toronto: John Wiley & Sons Ltd. 1974.
XII + 353 Seiten, diverse Abbildungen, £ 8.75

Der Autor, Professor für Geochemie an der George Washington University (USA), versteht entsprechend dem Inhalt und der Gliederung seines Buchs unter angewandter Geochemie zu 85% Geochemische Prospektion und zu 15% Wirksamkeit der Geochemie bei der Umweltproblematik.

Die geochemische Prospektion wird, einschließlich ihrer allgemeinen Grundlagen, in angemessener Breite behandelt, erfreulicherweise unter relativ ausführlicher Einbeziehung der biogeochemischen Methoden und der geochemischen Kohlenwasserstofferkundung (insbesondere Gasprospektion), also zwei Domänen der sowjetischen Schule. Es ist eine Darstellung, die in bezug auf textliche Auswertung des heutigen Stands sowie tabellarischer Übersichten einschließlich instruktiver Bilder und Schemata als ausgewogen angesehen werden kann. Besondere Beachtung wird der geochemischen Erkundung im marinen Bereich geschenkt, während die im engeren Sinne hydrogeochemischen Methoden zugunsten der Analyse von Flußsedimenten relativ kurz betrachtet werden; auch die Bohrlochgeochemie ist kaum erwähnt.

Der Einfluß der Geochemie zur Lösung von Problemen der Umwelt ist gut herausgearbeitet und gibt gerade dem europäischen Leser manche Anregungen, die beachtenswert sind. Das aber dieses Buch das einzige sein soll, das über Umwelt- und Rohstoffgeochemie einen Abriß gibt, ist nicht ganz zutreffend (vgl. z. B. Rösler & Lange, Kap. 10 der „Geochemical Tables", Elsevier 1972).

Bemerkenswert ist des weiteren ein über 20 Seiten umfassendes Schlußkapitel, das eine Übersicht über die geochemischen Methoden der Altersbestimmung gibt und insbesondere auf neue Verfahren, die noch nicht im Routinebetrieb sind, ausführlich hinweist (so die fisson track-Methode und viele andere).

Das Buch hat einen ausgesprochenen Lehrcharakter und wendet sich insbesondere an Studenten der Geochemie und Erkundungsgeologie sowie an sonstige Nutzer wie Bergleute, Geologen, Rohstoffwissenschaftler usw., ist klar geschrieben, gut und übersichtlich ausgestaltet, mit Registern versehen. Es gibt einen guten Überblick über den größten Teil der angewandten Geochemie, allerdings ohne Betonung der bei uns gefragten Aktivitäten in Petrologie und Lagerstättengenese.

H. J. Rösler

W. E. Petrascheck (Hrsg.)

Metallogenetische und geochemische Provinzen

Österreichische Akademie der Wissenschaften, Schriftenreihe der Erdwissenschaftlichen Kommissionen, Band 1

Wien—New York: Springer-Verlag 1974.
183 Seiten, 48 Abbildungen, 17 Tabellen, S 255,—, DM 37,—

Im November 1972 fand in Leoben im Hinblick auf die Organisierung entsprechender Projekte des Internationalen Geologischen Korrelationsprogramms (IGCP) ein Symposium zu generellen Fragen der Metallogenie statt. Der Organisator des Symposiums, Prof. Dr. W. E. Petrascheck, formulierte das Grundanliegen der Veranstaltung dahingehend, Antwort auf Fragen zu finden, „ob die Metalle der Lagerstätten in den wandernden Kontinentalschollen beheimatet sind oder ob sie aus dem wechselnden Substratum des oberen Mantels und der daraus gespeisten ozeanischen Kruste stammen".

Unter diesem Aspekt sind in dem vorgelegten Band 15 Arbeiten veröffentlicht, die wesentliche Probleme der Thematik behandeln, auch Teilantworten geben, insgesamt aber bei kritischem Bewerten aufzeigen, daß wir gegenwärtig bei der Erklärung der kausalen Zusammenhänge zwischen Edukt und Produkt erzlagerstättenbildender Prozesse noch viele, zum Teil gewagte Annahmen hinnehmen müssen.

Diese Feststellung wird durch die Erscheinung, daß seit geraumer Zeit einige neue progressive Vorstellungen, wie Plattentektonik und daraus resultierende Subduktionszonen, metallogenetische Aktivität des basaltoiden Magmatismus und progressive Methoden, wie Isotopenanalysen, Untersuchung von Flüssigkeitseinschlüssen und paläomagnetische Datierungen, unsere faktischen Kenntnisse erheblich erweitert wurden, nicht widerlegt. Gleichermaßen wird uns bewußt, daß die lagerstättenbildenden Prozesse recht komplizierte Vorgänge darstellen und die heute an einem Ort akkumulierten Elemente durchaus polygener Herkunft sein können und daß demgegenüber Lagerstätten mit gleichem „Phänotypus" solche mit unterschiedlichem „Genotypus" darstellen können. Wir haben somit in der Metallogenie (ebenso wie in anderen naturwissenschaftlichen Disziplinen) den Fakt zu konstatieren, daß mit dem stärkeren Eindringen in die lagerstättenbildenden Prozesse ihre Vielfalt und Komplexität immer sichtbarer wird.

Es würde den Rahmen sprengen, hier auf einzelne Arbeiten des Bandes einzugehen. Es seien stattdessen einige Autoren genannt: GUILD, NOBLE, DUNHAM, INGERSON, SCHEINMAN, SZÁDECZKY-KARDOSS, KARAMATA, KOSTELKA, BAUMANN, WEDEPOHL, PETRASCHECK, um anzudeuten, daß die behandelte Problematik von verschiedenen Seiten beleuchtet wurde. Zur noch umfassenderen Betrachtung hätte sich Rezensent weitere sowjetische Autoren gewünscht, da dadurch einmal die Mannigfaltigkeit der Daten, zum anderen die ihrer Interpretation noch mehr zutage getreten und so der reale Stand der Kenntnisse wesentlich besser zur Darstellung gekommen wäre.

Alles in allem ist dies ein lesenswerter Band. Die größtenteils in deutsch und englich vorgelegten Arbeiten enthalten im allgemeinen eine Fülle von numerischen Daten, die für eine weitere Verarbeitung und Interpretation von Wert sind. Das Buch bietet zusammenfassend zahlreiche Anregungen und zwingt dazu, die eigene Position zu überdenken. G. TISCHENDORF

E. K. GERLING; JU. A. ŠUKOLJUKOV (Hrsg.)

Geochimija radiogennych i radioaktivnych izotopov

(Geochemie der radiogenen und radioaktiven Isotope)

Leningrad: izd. Nauka, Leningradskoe otdelenie 1974.
256 Seiten, 73 Abbildungen, 57 Tabellen, Rbl. 1,68

Dieser Sammelband enthält 16 Arbeiten aus dem Institut für die Geologie und Geochronologie des Präkambriums, die sich mit dem Vorkommen und der Häufigkeit der Isotopen von He, Ar, Li, Ne, K, Rb, Sr und Ra beschäftigen. Die isotopengeochemischen Untersuchungen ermöglichen Aussagen über Entstehung und Migration der genannten Elemente in Gesteinen und Mineralen.

So konnte mit der Untersuchung der isotopen Zusammensetzung von Helium und Neon bewiesen werden, daß die Gase aus dem Erdmantel kommen können. Aus der isotopen Zusammensetzung des Lithiums folgen Unterschiede in der Migrationsfähigkeit seiner einzelnen Isotope unter natürlichen Verhältnissen. Am Beispiel des Neons wird der große Einfluß der natürlichen Kernstrahlungen bei der Bildung der isotopen Zusammensetzung der Elemente der Erde gezeigt. Weitere Untersuchungen befassen sich mit der Frage, ob Objekte des Sonnensystems ältere Materie eingefangen haben können, oder mit Vorstellungen über die Entwicklung der Ganzheit Kruste-Mantel sowie die Bildung des Basaltmagmas. Einige Aufsätze teilen Erfahrungen zur Methodik und Technik der Messungen mit.

Das Buch werden Geochemiker, Geophysiker und Astrophysiker mit Interesse lesen.

K. H. KÖHLER

V. I. Baranov; N. A. Titaeva

Radiogeologija

(Geologie der radioaktiven Elemente)

Moskva: izd. Moskovskogo universiteta 1973.
242 Seiten, 34 Abbildungen, 29 Tabellen im Text, 28 Seiten Anhang mit einer Abbildung und Tabellen, Rbl. 0,68

Die Geologie der radioaktiven Elemente untersucht deren Vorkommen auf der Erde und benutzt die besonderen Eigenschaften dieser Elemente zum Studium verschiedener geologischer Vorgänge. Sie wird manchmal kurz als „Radiogeologie" bezeichnet (z. B. hier im Russischen).

Bereits wenige Jahre nach der Entdeckung der Radioaktivität wurde ihre Bedeutung für die Geologie erkannt. Die radioaktiven Nuklide sind empfindliche Indikatoren geologischer Vorgänge. Dank der verfeinerten kernphysikalischen Meßtechnik können nicht nur die Nuklide der Umwandlungsreihen des Urans und des Thoriums, sondern auch die weitaus selteneren Produkte von natürlichen Kernreaktionen verfolgt werden.

Das vorliegende Buch ist aus Vorlesungen hervorgegangen, die von den Autoren lange Zeit an der Moskauer Universität gehalten worden sind. Es gibt einen hervorragenden Überblick über das gesamte Gebiet der „Radiogeologie" in einem Umfang, der für Geologen und Fachleute verwandter Richtungen ausreicht.

Die einzelnen Abschnitte behandeln: physikalische Grundzüge der Radioaktivität; die Untersuchungsverfahren der „Radiogeologie"; die Verteilung der radioaktiven Isotope in der Natur; Grundzüge der Geochemie der natürlichen radioaktiven Elemente; Erdwärme und Radioaktivität; absolute Altersbestimmungen; radioaktive Isotope als Indikatoren geologischer Vorgänge; absolute Altersbestimmungen an „jungen" geologischen Bildungen; strahlungsinduzierte Veränderungen an Gesteinen und Mineralen; die Suche von Uranlagerstätten; radiometrische Verfahren zur geologischen Kartierung und zur Suche von nicht radioaktiven Rohstoffen; Anlagen (Tabellen).

Die Anordnung des Inhaltsverzeichnisses am Schluß des Buchs und das Fehlen eines Registers wurde bei der Durcharbeitung als Mangel empfunden.

Das Buch ist eine Quelle zuverlässiger Informationen für Studenten wie für Praktiker.

K. H. Köhler

H.-E. Usdowski

Fraktionierung der Spurenelemente bei der Kristallisation

Berlin—Heidelberg—New York: Springer-Verlag 1975.
VIII + 104 Seiten, 42 Abbildungen, DM 29,80

Das als „Hochschultext" erschienene Buch beantwortet — mit den Worten seines Autors — „die Fragen nach der Fraktionierung von Spurenelementen, ein Sachgebiet, dessen wissenschaftlich abgeschlossener Teil bisher noch nicht zusammenhängend dargestellt worden ist".

Sicherlich findet diese Arbeit nicht nur bei Studenten der Mineralogie, Kristallographie, Petrologie und Geochemie Interesse. Sie wird auch mit Nutzen von allen Geowissenschaftlern, die sich mit unterschiedlichen Fragestellungen der Petrologie befassen, sowie von Chemikern und technischen Mineralogen zur Hand genommen werden, die Probleme der Kristallzüchtung und der Konzentrierung von Spurenelementen lösen müssen.

Fraktionierungseffekte sind beispielsweise bei geochemischen Untersuchungen zur Herkunft, Entwicklung und Veränderung der Tiefenmagmen von grundsätzlicher Bedeutung und Aktualität.

In der ersten Hälfte des Buchs werden auf der Grundlage des NERNSTschen Verteilungsgesetzes Verteilungsgleichgewichte von festen mit fluiden Phasen behandelt. Es wird unter anderem auf Typen der Spurenelementverteilung, die Fraktionierungseffekte bei Kristallisation und die Abhängigkeit des Verteilungsfaktors von den Kristallisationsbedingungen eingegangen.

Fraktionierungsprozesse in Labor und Technik (fraktionierte Kristallisation und deren Optimierung an Hand von Kristallisationsmodellen bzw. Kristallisationsschemata, Zonenschmelzen) und unter geologischen Bedingungen (Magmatismus, chemische Sedimentation, Diagenese, Metamorphose) sind in der zweiten Hälfte des Buchs dargestellt, wobei die Spurenelementverteilung in Mineralen und deren Bedeutung als Geothermometer berücksichtigt werden.

Übersichtliche Gliederung, Sachverzeichnis und insbesondere praxisnahe Rechenbeispiele in der ersten Hälfte und zum Kapitel „Fraktionierungsprozesse im Labor und in der Technik" erhöhen den didaktischen Wert.

Der Autor verzichtet zwar bewußt auf die Darstellung bisher noch offener Probleme, entsprechende Hinweise wären aber gewiß für einen größeren Leserkreis wünschenswert. So könnte eventuell auf die Rolle der Absorption bei der Fraktionierung und Elementverteilung (vgl. DEVORE 1955) ausführlicher eingegangen sein.

Besondere Bedeutung hat diese erste zusammenfassende Darstellung der Fraktionierung der Spurenelemente H.-E. USDOWSKIS durch die Rückführung der allgemein sehr unterschiedlich formulierten vielfältigen Fraktionierungseffekte auf das NERNSTsche Verteilungsgesetz.

W. KRAMER

K. A. KVENVOLDEN (Ed.)

Geochemistry and the Origin of Life

Benchmark Papers in Geology, Vol. 14

Stroudsburg (Pennsylv.): Dowden, Hutchinson & Ross, Inc. 1974.
XVIII + 422 Seiten, diverse Abbildungen und Tabellen, £ 11.45

In den Benchmark-Bücher-Serien werden in 20 Disziplinen der reinen und angewandten Wissenschaften klassische und moderne Originalarbeiten zu einem bestimmten Thema in Buchform photomechanisch nachgedruckt. Auf dem geowissenschaftlichen Sektor (im weitesten Sinne) gibt es bereits 14 solcher Zusammenfassungen, darunter als letztes das mit dem obigen Titel.

Insgesamt werden in diesem Buch 43 Zeitschriftenartikel der letzten 20 Jahre zusammengestellt und gruppenweise von dem Herausgeber, Dr. KVENVOLDEN, als Spezialisten der Organischen Geochemie, ergänzt und kommentiert. Die Originaltitel sind fast ausschließlich englisch-sprachig, der weit überwiegende Teil der Autoren sind Amerikaner; demzufolge geschah die Titelauswahl einseitig aus amerikanischen Zeitschriften.

Der Stoff wird in fünf Kapitel gegliedert:

1. Die chemische Evolution — die möglichen Anfänge (acht Artikel, 65 Seiten)
2. Kohlenstoff-Meteorite — zur Unterstützung der chemischen Evolution (sechs Artikel, 90 Seiten)
3. Die ursprüngliche Umwelt-Hydrosphäre und Atmosphäre (13 Artikel, 95 Seiten)
4. Organische Geochemie — Kohlenstoffchemie der präkambrischen Gesteine (12 Artikel, 100 Seiten)
5. Das früheste Leben auf der Erde — Paläobotanik (fünf Artikel, 35 Seiten)

Jeder Beitrag ist mit seinem Literaturverzeichnis wiedergegeben; am Schluß des Buchs befinden sich zusätzlich ein Gesamtverzeichnis der zitierten Arbeiten sowie ein Sachverzeichnis.

Die Art der Wissensvermittlung ist für uns zunächst ungewohnt. Ohne über die Qualität der Auswahl der Beiträge zu urteilen, ist eine solche Zusammenstellung für interessierte Wissenschaftler aber sehr bequem und nützlich. Sie vermittelt eine weitgehende Übersicht über die Problematik, wie man sich bemüht, sie mit modernen Methoden zu lösen, und auch welche Konsequenzen abzuleiten sind, so z. B. praktische Fragen der Lagerstättenbildung von Kohlenwasserstoffen, Gasen, Eisenerzen usw. Es kommen praktisch alle wissenschaftlichen Disziplinen zu Wort, insbesondere die Organische Chemie und Geochemie, die Mineralogie und Petrologie, die Element- und Isotopengeochemie, die Geologie und Lagerstättenlehre und weitere. Insgesamt ein schönes, lehrreiches Buch, das dem tiefer in die Erd- und Lebensentwicklung eindringenden erfahrenen Naturwissenschaftler und speziell den Geowissenschaftlern Anregung und Hilfe geben kann.

H. J. Rösler

Kolibri 360 GmbH
Ferdinand-Jühlke-Straße 7
99095 Erfurt, Deutschland
produktsicherheit@kolibri360.de